和食之美

器物与摆盘的艺术

[日] 畑耕一郎 著
日本辻调理师专门学校 主编
陆晨悦 译

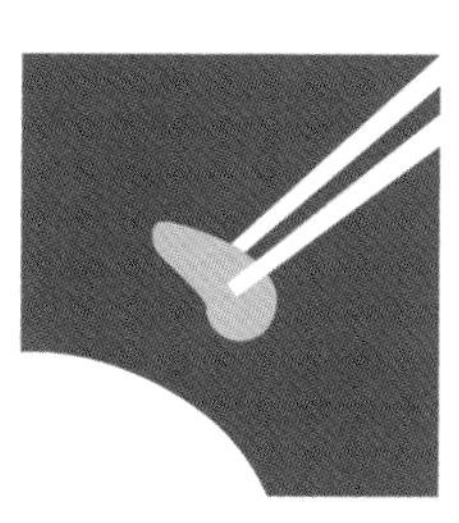

華中科技大學出版社
http://www.hustp.com
中国·武汉
有书至美
BOOK & BEAUTY

序

近年来，世界料理界中出现了日本料理的热潮。各国的日本料理店让当地人赞不绝口，迎来了繁荣的时代。日本料理从发展之初，就形成了健康重于鲜美的料理风格，与当今时代人们追求健康的理念不谋而合。近年来，不仅寿司、天妇罗等常见料理盛行于各地，怀石料理也开始广为人知。并且还出现了与各国本土的食材或饮食文化相融合而形成的“新式日本料理”，成为全世界通用的料理门类。

面对如此盛况，日本料理厨师需要铭记日本料理最标志性的特点：日本料理融入了历史、地理等要素，并在此基础上烹饪与季节特点相符的时令食材，同时在食器中表现出四季变换。并且，日本料理以红、黄、绿、白、黑五色为主的丰富色彩，刺激着视、听、嗅、触、味五觉。此外，厨师在料理过程中还需考虑味醂的用量，考虑料理与食器（可以说是料理的外衣）的平衡以及功用等。日本料理需综合诸如此类的各种因素，因此是完成度非常之高的料理。希望大家能够领会日本料理的精髓。

当然，最终的料理成品要放入食器中，作为“摆盘”呈现。如何让料理美味又赏心悦目，同时又方便食用是很重要的。所谓摆盘，最终取决于厨师各自的感性和创意。但是，厨师并不能因此就随便对待在日本饮食文化中长期形成的饮食形式 ——用各种形状的食器和筷子来让顾客享用料理。摆盘，首先是确定基本形状和类型，在其基础上，要吸取并包容各种新的要素，这和做出既不破坏优良传统又能立足于世界料理舞台的日本料理，是相互呼应的吧。我抱着这样的想法，写下了此书。

最后，衷心感谢在本书的创作过程中给予我诸多帮助的各位人士。“林漆器店”的川本一雄先生在借给我很多食器的同时，又给予了很多宝贵的建议；摄影师高桥荣一先生和高岛不二男先生将我想呈现的料理摆盘拍摄得既简洁又精美；柴田书店的长泽麻美女士对本书进行了出色的编辑；还有辻静雄料理教育研究所的重松麻希女士，她校正并整理了晦涩难懂的原稿。同时，对备齐了数量庞大的食材并制作出精美料理的各位料理负责人致以衷心的感谢。

2008 年 11 月辻厨师专门学校 日本料理研究室

畑耕一郎

目 录

【摆盘的基础知识】41

●享受摆盘 76

【每月料理摆盘】

摄影：高桥荣一、高岛不二男
AD+设计：片冈修一、关口佳香里（PULL/PUSH）
编辑：长泽麻美

凡　例

●食器的名字，是根据其制作者、贩卖店、收藏者等命名的。在本书中，除了学校所收藏的食器，也刊载了借来的食器，所以食器的名称并没有统一。

●额外分量的，盐、酒、醋、煎炸油、小苏打等，未在菜谱中标明。

编者注：本书食谱中的食材在中国或为保护动物。

食器的基础知识

在日本料理中运用的食器种类
陶瓷器

◎ 所谓陶瓷器

所谓陶瓷器，指的是在黏土或粉碎的石头粉末中加入水炼制成素胚，再用手或辘轳、模具等做成钵、盘形、壶形等，最后用火高温烧制而成的器物的总称。

一般像“濑户烧”“唐津烧”等由产地命名的陶瓷器很有名，但除了以产地命名，在日本以绘制手法或制作者的名字命名陶瓷器的情况也是很多的。在此，本书以最基本的分类，即土器、陶器、炻器、瓷器等烧制方法为类别，以及产地或手法为类别来介绍，并尝试加入了食器的不同用途的说明。

陶瓷器的种类 1
【根据烧制方法分类】

1 土器

土器可以说是陶瓷器中最原始的品种，是将黏土用800℃左右的低温烧制而成的。其特色是表面没有釉药，由于吸水性很强，所以很少作为食器使用。即使在料理店也很少使用。只有正式场合干杯时作为“素陶酒具”，或者是作为“素陶浅盘”装盛多人份烧烤食物。土器的特征是在敲打时会有缓慢而浑浊的声音。

赤土盅（左）/ 赤土焙烤盘

2 陶器

陶器以黏土为主要原料进行烧制，烧制温度为 1000℃ ~ 1300℃，有稍许吸水性，分为含釉品种和无釉品种，通称为“土物”。日本从 5 世纪左右开始制作陶器，由于桃山时代流行茶器，因此产生了数量众多的名品。陶器的特征是在轻轻敲打时会有浑浊厚重的声音，以唐津烧、美浓烧、萩烧等为代表。

织部釉丸小皿（左）/ 金彩木叶皿

三方名震盘（左）/ 炭化单嘴小钵

3 炻器

用黏土制作成形后，以 1200℃ ~ 1300℃的高温进行长时间烧制，烧成后会变得如同石头般坚固，通称为“数倍烧”。敲打炻器时会发出清澈响亮的声音。虽然有时柴火烧成的灰会形成天然的釉药，但原则上将不使用釉药烧制而成的陶器称为“炻器”。以信乐烧、伊贺烧、备前烧、常滑烧等为代表。

4 瓷器

在白色黏土中加入长石、硅石、陶石的粉末而制成的素胚，再以 1300℃ ~ 1400℃的高温进行烧制。即使在素烧阶段，瓷器的吸水性仍很弱，但却很坚硬，通称为“石物”。它的特征是敲击时会有“叮叮”的金属声。通常会活用其白底，并添加绘画，再施以釉药。瓷器在 17 世纪前期由朝鲜人传入日本，以有田烧、九谷烧、波佐见烧为代表。

竹泉四角盘（左）/ 兰绘盖茶碗

陶瓷器的种类 2

【根据产地和手法分类】

红绘格子鱼纹钵（上）
柿右卫门绘皿

1 有田（产地）

——古伊万里、柿右卫门等

日本的陶瓷器大致可以分为陶器和瓷器两类，陶器的正规产地是在爱知县的濑户，瓷器的发源地则是佐贺县的有田。在丰臣秀吉出兵朝鲜（文禄·庆长之战）时，锅岛氏从朝鲜带回了一批朝鲜陶工，以李参平为代表，把制陶的技术传入了日本。他们在有田泉山发现了作为原料的白瓷矿，由此拉开了日本瓷器生产的序幕。17 世纪后期，由于和荷兰贸易的展开，瓷器被大量输出到欧洲，这对德国的迈森窑和荷兰的代尔夫特窑等都产生了巨大的影响。江户时期的陶瓷贸易是在伊万里港装货的，所以有田周边的陶瓷器也被称为伊万里烧。

首先登场的是用含吴须（氧化钴）的颜料在白素胚上描绘图案，再涂上透明的釉药烧制而成的青花瓷。后来，初代酒井田柿右卫门设计出使用红色颜料的釉上彩绘，从此，有田周边兴起了赤绘和彩绘瓷器，并传承至今。

有田烧的特征是素胚是白色的，表面有色彩缤纷的绘画。虽然它可以使料理摆盘显得华美，但是反过来，其绚丽的色彩也会有破坏料理本身配色的隐患。

2 唐津（产地）

唐津烧也和有田烧一样，据说是由朝鲜陶工创立并盛行起来的。但是，在那之前，这一带和朝鲜、中国的交流就很频繁，已经出现了烧制陶瓷器。“唐津烧”和东日本的“濑户烧”齐名。包含唐津烧在内的肥前一带的陶瓷器，作为日本全国日常使用的食器的代名词，在当时是非常有名的。

因为唐津是以杂器为中心的生产基地，所以其器物风格并不华丽细腻，而是以李朝风的朴素颜色，配以氧化铁绘制而成的图案。这充分迎合了注重幽雅静寂的日本人的喜好。它的特征是用灶内燃灰为原料的釉药重重涂抹。

照片左边的半挂单嘴小钵，其特色是，分别加以稻草灰釉药和铁釉药，故其外表为焦糖色和灰白色夹杂混合，形成了自然的颜色和纹路。除此之外，还有绘唐津和三岛唐津。

唐津烧虽因其朴素的配色而欠缺华彩，但它的简约质感反而更适用于平日生活，更能衬托出料理食材的独特色彩。

唐津写 千鸟绘小钵（右）
半挂单嘴小钵

3 备前（产地）

备前和信乐、越前、常滑、濑户、丹波一同被称为日本六大古窑。在陶瓷器的分类中，备前烧属于“炻器”，通常被称作“数倍烧”。备前烧以含有大量铁元素的土壤为原料烧制，形成独特的红褐色或黑褐色，因此其主要作为壶或者研钵使用。但是在中世室町时代，由于其具有幽雅静寂之趣而确立了茶陶的地位。从那之后，备前烧出现了许多名品。

备前烧的特征有两点，即粗糙的触感及器皿内部呈圆形的被称为“牡丹饼”的纹路。这是因为在窑中烧制的时候，为了有效地收纳盘、钵，防止黏着，会在盘子之间以小酒壶等隔开，再叠加烧制，故留下了大地色的圆形纹路。此外，它还具有被称作“绯红条纹”的条状花纹，这是在烧制时为了使得不同作品之间有间隔，而加入了碱性稻草和酸性素胚，它们在火焰的作用下形成了这样的艺术花纹。

古备前透手钵

可能由于备前烧的素胚颜色单调，更能衬托出料理食材的配色。料理搭配素胚既显厚重又不失温和之感。使用的时候，先把素胚完全浸泡在水里或用喷雾喷洒整个素胚，使其有湿润感，这样会有生动的韵味。在水中浸泡之后，为了不让水滴滴落，要充分地擦拭。

信乐深底杯（小）/ 信乐深底杯（大）

信乐反型深锅

4 信乐、伊贺（产地）

信乐烧和之前介绍的备前烧一样，是日本六大古窑之一。从平安时代末期到镰仓时代初期，信乐当地出现了以烧制农家使用的种壶、研钵等为中心的生产作坊，有一段时期，作坊还涉及茶陶制作。在江户时代末期，信乐烧不仅面向农家，还面向一般家庭，如一般家庭中日常使用的杂器，因此信乐烧的产量也增加了，并由此奠定了信乐烧的基础。

如今，除了名品的狸型信乐烧以外，食器、盆钵、花器和瓷砖等也开始批量生产。以红色配色为主的信乐烧，在形状上并没有很大的变化，但其正统的风格并不使人厌烦，并且它所具备的数倍烧的独特手感和成色不一也成了其显著的特征。

另外，伊贺烧在时代和制作过程上和信乐烧经历着同样的变迁。现在，伊贺烧无论是在制作技能上还是款式设计上，都以上乘的土锅为主要品种进行制作。

信乐在滋贺县，伊贺在三重县，虽然地区不同，但由于它们的地域相邻，人们在生活的方方面面都有交流。若要判别很久以前的作品的具体产地，也会出现判别不清的情况。

5 濑户（产地）

濑户作为日本陶瓷器的发源地，以其与西日本的“唐津烧”相对应的“濑户烧”闻名。单以黏土烧制而成的土器不仅没有足够的强度，还会漏水。4 世纪后期，日本从中国引入了高温烧制和辘轳技术，并在现在的大阪近郊生产出了不会漏水的须惠器。此后在 8 世纪，窑迁移到了濑户附近的猿投。9 世纪左右，濑户本地出现了以植物的灰为釉药的器物，此类器物在室町、安土桃山时代被用作茶道具，因此得到了繁荣和发展。到了江户时期，当地借鉴了有田瓷器的手法，开始同时生产陶器、瓷器，由此诞生了陶瓷器的代名词“濑户烧”。濑户烧的起始，就如刚才所述，是加以灰釉烧制而成。质朴的色调是濑户烧的特色。此外，不同于有田、京都的简朴的图绘和上色也是其特征之一。

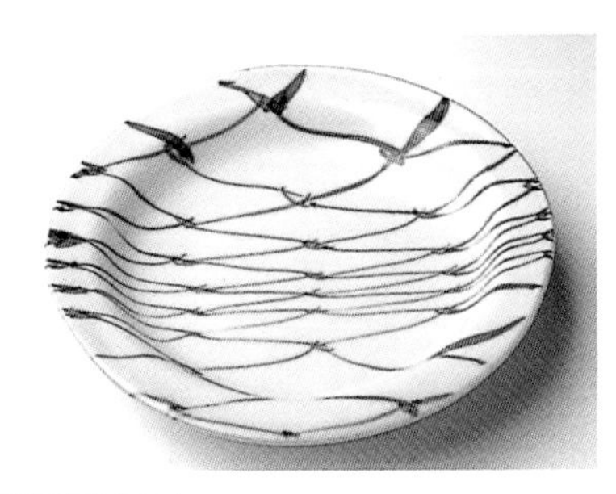

蓝釉网状花纹圆盘

志野方盘（上右）
轮花黄濑户菊雕小钵（下右）
织部分铜型小钵（左）

6 美浓（产地）

——志野、黄濑户、织部

室町、安土桃山时代，为了逃避战火而从濑户转移到美浓的陶工们，经过苦心钻研，终于独立生产出了不同于仿制中国、朝鲜的陶瓷器，名曰“志野”“黄濑户”“织部”。自古美浓和濑户就有交流，从狭义上来说，黄濑户、志野、织部等在室町末期至桃山时代以后烧制的陶器被称为美浓烧。志野的特点是将白色的长石釉厚厚涂在器物表面，其质感让人联想到黄柚的果皮。有白釉药的素色品种，也有用含高度铁质的釉药再加以描绘之后烧制成的“绘志野”，还有会让人联想到老鼠毛色配色的“鼠志野”。不管是哪种，它们那多样的配色和形状都能很好地衬托料理。

黄濑户最早是模仿中国的青瓷，据说是由于烧制的失误，偶然形成了黄色基调的配色。柔和的黄色烘托出温暖的氛围。最有特色的设计是在被称作“轮花”的碗口处加上花状切口，再用竹片刻出花纹，并且各处用绿色的铜釉加以突出。黄濑户由于整体的形状较为简单，因此较易摆盘。此外，其黄色的基调，能充分体现出温暖的感觉，可谓是最适合煮物和烧烤的食器了。

织部烧的名字取自武将古田织部正重然。他是千利休的得意门生。自桃山时代至江户时期，他对美浓陶工有重大影响。织部烧最大的特点就是在土灰釉里混入了铜绿釉，形成了鲜艳的青绿色。混合了铁釉烧制而成的青织部，以及在全体随意点缀的总织部十分出名。此外，还有用白土和红土混合，并加以黑釉药的鸣海织部，单以黑釉药烧制而成的黑织部等。它们的形状和志野、黄濑户比起来可谓千差万别：四角形、扇形、八角形、带足的、带柄把的、带盖的……织部烧变化丰富，足以应对所有种类的料理。

7 赤绘（手法）

赤绘是将陶瓷器涂上透明的釉药并加以烧制，然后再用红颜料描绘，并再次烧制的方法。事实上，赤绘并不只有红色，还有绿色、蓝色、黄色等配色，也被称为彩绘，据说是起源于中国。有田的初代酒井田柿右卫门师从中国的陶工，并将学到的技术从古伊万里、锅岛传播到京都、九谷。此外，也有学说认为京都或古九谷是赤绘的起源。事实上，赤绘由于配色华美，和料理食材的兼容就变得十分困难，但它却十分适合隆重的场合，可谓绝无仅有。如果将颜色丰富的食材和赤绘搭配，食材和食器就会撞色，而不能相互衬托，所以该种陶瓷器最适合单色食材。

福禄寿赤绘钵

8 出粉（手法）

这是从朝鲜传入的技法，是在素胚的表面涂上白色的釉药制成。白釉看上去就像撒了一层粉一样，所以叫“出粉”。出粉具有刷痕、梳痕般的纹路。另外，因为其外表看上去也像是结了一层白霜一样，又被称为“吹粉”。

不管如何称呼，此种器物的特点是没有丰富的色彩，纹路简单，不会使料理失色，是百搭的食器。

御本三岛雕舟形长盘

永寿青花中盘（右）
吉字吹墨四角小盘

9 青花（手法）

青花是在白色的素胚上，用天然的氧化钴（吴须）加以描画，并覆盖上透明的釉药之后再进行烧制而成。其特点是呈现出美丽的蓝色。明治时代之后引进了高浓度的氧化钴，因而生产出价格便宜、规格统一的产品。与之相对，它们的颜色也变得整齐划一。但是当运用天然吴须时，就会有微妙的色调变化，因此显得更加有趣。其素胚有两种：有色和白色。有色黏土烧制而成的有色素胚的颜色并不鲜艳，而白色黏土中因混合长石、陶石粉末烧制成的白色素胚，能在纯白底色中清楚地显现出蓝色。不管哪种都不会影响料理食材的色彩。青花瓷由于具备日本人所喜爱的纯净感和清晰感，因此十分有人气。

10 京都（产地）

京都烧和其他地方的陶瓷器很不一样。在大部分陶瓷器的产地，都会有当地独特的技法、素胚质感等，但是京都烧是吸收并消化了各个地方的代表性技法。并且，京都烧因各种绘画和纹路的人工美闻名。17世纪初期是京都烧大发展的起点。濑户的陶工在粟田口开始制作粟田烧，被称为清水烧始祖的野野村仁清在产宁坂开窑。此后，野野村仁清、尾形乾山、青木木米等日本三大陶工在这片土壤上开始了陶瓷器的制作。

若要说京都烧的一大特点，那便是在一个地区创造出数量众多的丰富多彩的瓷器。比如中国风、朝鲜风的青花瓷，红彩描金、青瓷、白瓷，三岛甚至东南亚的交趾瓷（交趾指中国西汉时设置的郡，后用来指越南一带）的影响，此外还有濑户、唐津、信乐、伊贺、美浓等，京都可谓沿袭了日本国内所有陶瓷器的技法，以此造就了京都烧。

扇形牡丹绘小钵（右）
赤绘四君子四方碗

11 乐（产地/手法）

产自京都但是不包含在京都烧里的就是乐烧。乐烧是对京都制陶世家的乐家各代的作品以及和此相同的手捏软陶的总称。乐家初代长次郎受丰臣秀吉的命令，在聚乐第制陶，所以最初它被称为聚乐烧，第二代常庆拜领了“乐”字之后就称为“乐烧”。

旦入带盖钵

12 白瓷、青瓷、青白瓷（手法）

白瓷是在白色素胚上涂抹透明釉药烧制，青瓷是涂上带蓝色的釉药烧制而成。青瓷由于釉药中含有铁质，烧制后会变成含有绿色或黄色的蓝色。青白瓷是在白色的素胚上，涂上含有淡淡蓝色的透明釉药，烧制后的颜色介于白瓷和青瓷之间。在青白瓷上印上花纹或者是用刀刃刻上纹路，再涂上釉药，并随着釉药残留厚度的增减且浮现花纹的技法，被称为“影青”。

这三种都是很有人气的食器，配色柔和的青白瓷，适合白身鱼刺身或凉拌菜品，与夏天的下酒菜拼盘“八寸”等也很搭配。

因为它们给人留下凉爽的印象，所以很受日本人喜爱。

白瓷轮花盘（上）
青瓷牡丹雕盘

九谷切角碟

13 九谷（产地）

九谷烧是彩绘瓷器的代表之一。古九谷的色彩以绿、黄、紫三色为中心，加上红、绀青总共五色，被称为五彩手的图绘是其特色。即使是同样的图绘，和颜色明亮的有田烧比起来，九谷烧有着沉静并富有深度的色调。现在的作品多见的是用华丽的配色在以细线描绘而成的工笔画上施加金彩。但让人感到平和、实用且现代的作品也很常见。在实际的料理操作中，不受九谷烧的色调限制，直接在九谷烧的器物中放入单色的料理，也许会看上去很不错。

【陶瓷器的各种外形】

日本料理的一大特色是使用了在其他国家见不到的各种形状的食器。日本料理的卓越之处并不仅仅是料理本身，更是以食器和料理的统一感来表现出季节、温暖、凉爽、纯净和欢喜。在此根据不同食器的形状说明日常使用的食器。

古青花瓷扇形凉菜盘（右）
织部龟甲凉菜盘

天启赤绘猪口凉菜盘（右）
九谷猪口凉菜盘

1 向付、小钵

在怀石料理中，除了在托盘上有米饭和汤外，还有向付（也被称作“对面”）。向付大多是将脍鱼、海带结和拌菜等摆放在手一般大小的食器上。托盘的前部放着饭和汤，饭和汤的对面放着前菜，所以才有了“对面”这个称谓。用于盛放向付的食器也同样被称作“向付”或“对面”。由于所盛放的料理的特点，通常此种食器多为小钵状，且有些深度，所以一般又被称为小钵。图①呈半扇形的是明代末期的古青花瓷扇形凉菜盘，另一种是织部烧，可以说是美浓烧的代表。它们适合用来盛放普通的刺身，或者是少量的脍菜。而图②的九谷烧和典型的赤绘小钵，十分适合盛放拌菜和焯蔬菜。

日本料理主张选用能手拿的大小的食器，这也是根据食材的变化、季节、兴趣、颜色等多种要素综合考量得出的结果。

2 皿（大小）

——豆皿、小皿、中皿、大皿

能在皿中盛放的料理种类颇多，想必这点不用强调了。但是，因为日本料理格外注重成品料理和食器之间的平衡（留白、形状、配色），所以日本料理有详细的分类。首先，被叫作“豆皿”或者“药味皿”的是直径 5 厘米左右的器皿，它不仅可以用于盛放佐料，还可盛放柠檬、酸橘一类或一口食，还可作为蘸料（盐）盘使用。此外，它们还可以被并排放在托盘上，作为酒菜佳肴组合的“八寸”来使用，这也是很有趣的。图①中，下为画有小菊花的吹粉豆皿，上为画着类似章鱼爪图案的豆皿，中间为形状富有变化的琵琶形状的青花瓷豆皿。

章鱼唐草绘小盘（上）
青花瓷琵琶形小盘（中）
白刷毛纹万寿菊绘小盘

乾山写绘土器皿（右）
团子绘水袖形小盘

接下来是小皿和中皿。这些指的是小号的皿和中号的皿。由于没有具体明确的尺寸，所以靠直觉判断是很难的。但是，它们大约指的是 9 ~ 21 厘米左右的器皿。它们是在摆盘中惯用的食器，几乎适用于所有种类的料理，

伊贺绯色四方皿

并且作为分类盘，大小也很合适。图②左边的小皿是团子绘的“水袖形”，其具备简单的形状和配色，不管搭配什么料理都适合，也可以作为布菜盘使用。右侧圆形的盘子中的图案是尾形乾山的画，经过适当处理，别有风味，它极具京都烧的特点，色彩很艳丽。先让食客享受食器本身的美，然后再展现摆放料理时食器的变化，这样的话就可以让食客品味两次风格不同的食器。

最后是大皿的类别。所有料理都用小皿、中皿提供的话，不管在盛放方法和技巧上下多少功夫，也会在某种程度上限制了其展现形式，不知不觉就容易变成固定的模式。如果有多位客人的话，用大皿盛放食物，以便分发，也是一个方法。用大皿摆盘很容易留白，能展现出料理的层次，色彩也比较丰富，冲击感也会变强。分发食物给客人的时候，不仅是食材本身或是对烹饪方法的说明，甚至连巨大的容器也能成为话题，这些都会使得宴会的氛围活跃起来。

3 盘子（形状）

前面已经叙述过了如何以大小对皿进行分类，以形状进行分类的方法也稍微提及一下。陶瓷器大都是用辘轳生产出来的，圆形自然是其基本形状，但是日本料理的摆盘根据食器形状来表现各种各样场合（季节感、温度差、婚礼等）的情况也并不少见。基本的一点就是，如果用来摆盘的料理的形状呈方形，那就用圆盘；相反，如果是切成圆形或者是呈曲线的料理，那就用四角盘或六角盘。这是受了阴阳五行说的影响。食物的味道并不会因为皿的形状而改变，但是，将有着直线美的“阴”和以曲线为特色的表现温度的“阳”相组合，才能取得平衡，达到阴阳调和。因此，虽然都是皿，在功能上是一样的，但是有必要备齐各种各样形状的皿。

图①中的圆盘是看上去很温暖的吹粉盘及可以表现高超刀工的青花网状圆盘。吹粉盘可以放置方形的酱烤豆腐，而青花网状盘可以放置薄刺身或者削切刺身。图②中的织部削雕六角盘是在辘轳上制作而成的，然后在圆盘边缘加了六角形盘边，此款织部盘中间十分适合盛放酱油风味的关东煮中的萝卜片。用小型南瓜做成的奶酪烤菜，适合放在四方形土色的盘子中，这样能显示出料理的温度。

以上是关于形状的基本原则。在日本料理中，像图③这样，边缘模拟花瓣形状的轮花青瓷盘，盘边有 8 个镂空圆洞的简洁白瓷圆盘更加强调了凉爽轻快的感觉；图④的乾山写万寿菊绘盘让人觉得仿佛花本身变成了食器；青花鱼形前菜盘栩栩如生，仿佛能看到鱼的游动；青交趾芦叶盘则是让人联想到夏日的水边。

日本料理的食器，虽有不太合理的地方，如因其形状各异，很难清洗或收纳不便等，但正是由于其富有变化的形状，才和食材完全融为一体，为表现料理的美味做出了贡献。

1

2
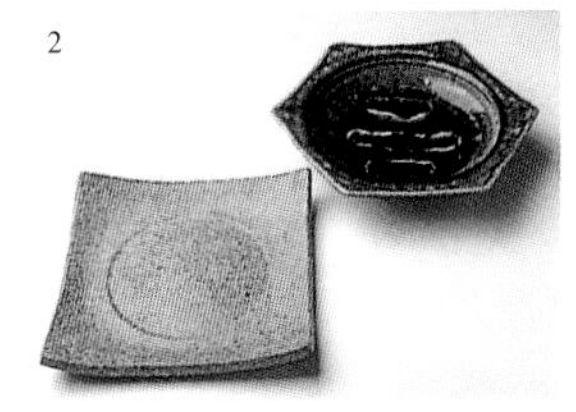

3

4

①御本手圆盘（右）
青花网状圆盘
②织部削雕六角盘（右）
葵形盘
③白瓷银彩小孔圆盘（右）
轮花青瓷盘
④乾山写万寿菊绘盘（上）
青花鱼形前菜盘（中）
青交趾芦叶盘

4 钵（大小）

——大钵、中钵、平钵、深钵

在日本料理中，用比较小的食器装盛一人份的料理的情况比较常见，而在这其中，钵和大皿一样能使摆盘充满变化。特别是在提供会席料理套餐的情况下，料理的数量必须在七种或者八种，如果所有的料理都放在手拿容器中，单纯地用筷子夹的话，就会变成反复地将料理从食器中运送到嘴巴里的单调作业，既没有变化也没有惊喜，而是平淡无奇地进食。因此，烧烤、煮物，或是用“八寸”那样的酒菜佳肴组合而成的料理，在会席上根据人数用多种食器盛装，这样就会产生一人食料理展现不出来的感染力，摆盘也会变得色彩丰富，同时也能再次享受鉴赏大型食器的乐趣。这和将料理摆放在大皿中一样，分食的时候或者是接受服务的时候能保证宴会热烈的氛围。

食器的大小并没有根据直径和深度的不同进行严格的分类。相对而言，如果食材是比较大的烧烤等没有汤汁的食物的话，就很适合中部（内侧的面积）比较宽大且平坦的钵，如果是拼盘（煮物）或浇汁菜等料理的话，就适合深钵。深钵比较方便装盛汤汁。

在此介绍的大钵（①）是织部釉圆钵，它运用朴素的配色，适合盛放单色的烤鱼或者在其中垫上吸油纸盛放油炸食品，这些都能起到衬托的作用。

中钵（②）的纹路呈露芝的形状。圆形的小洞表现出凉爽感，所以很适合在夏天时盛放煮制的蔬菜类前菜，若是在其中全铺上绵绵冰再放上几片新鲜的刺身，就可以同时展现出豪华和清凉的感觉。

平钵（③）是具有代表性的黄濑户铜钵，它的特征是温暖的配色及其宽大的内侧面积。它适合盛放大型的烤鱼或酱烤茄子，能使料理更加生动。

最后是仿野野村仁清作品的扭深钵（④）。它的纹路布满全钵，颜色的运用十分细致，用来盛装炖制的单色蔬菜最合适不过了。比如，只摆上炖笋，再撒上满满的花椒芽，就是最棒的搭配了。以此类推，凉拌蔬菜或者是焯蔬菜也适用。

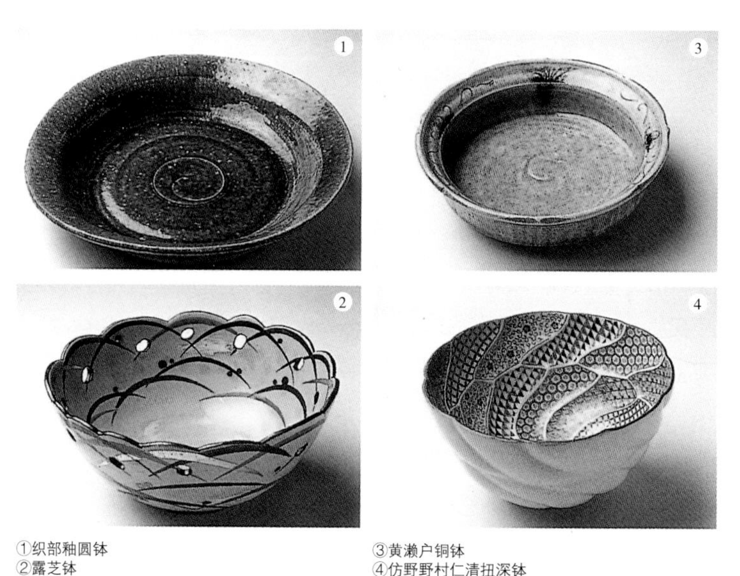

①织部釉圆钵
②露芝钵
③黄濑户铜钵
④仿野野村仁清扭深钵

5 钵（形状）

——手拿钵

日本料理的食器并不单只是用来盛放料理。关于这点，从手拿钵就可以强烈感受到。在皿或者钵上装一个弓形或半圆球形的手柄，变成可以手提的器皿。虽然这样收纳麻烦，不能叠放，难以清洗，装盘不易，在实用方面也显现出不便，但这个无意的设计却给料理带来了变化，并增大了容量。正放手柄或者是稍微侧放，都能不可思议地为料理整体赋予变化。

手拿糖釉半挂钵

图中的手拿糖釉半挂体是朝鲜唐津，它被分别涂抹釉药再混合而产生的微妙的色彩融合很有意思。它不仅适合一些烤物和炸物，比如简单盛放玉子烧，并和青竹公筷加以组合，就能产生楚楚动人的美感。这类食器，主要用于盛装多人份的烤物及用于分食的场合，但它用于盛装酒菜佳肴或是用来作为食盒的替代，装上点心便当，也会因其整体有所变化而感受到设计的有趣之处。

使用此类食器的注意点是，绝对不要只拿着手柄部分，而是必须将左手放在底部或者是双手放在底部托举。

6 盖碗

在欧美，用带盖的食器盛装料理并不常见，但在日本料理中，煮物、蒸食等需要保持食物温度的料理很多。为了不让热气四散，需要使用能够保持温度的盖碗。这种食器的特征，第一当然是优秀的保温性能。另外，客人会在开盖前充满“这是什么料理，用的什么食材？”等的期待。不仅如此，客人会以碗盖的纹路、色彩等来感受季节，同时也会喜欢上食器本身。

图中的赤绘描金璎珞纹深碗，以及深度相对较浅但直径略大的白瓷青花龙绘茶碗，可轻松容纳较大的食材。最小号的盖碗如手掌大小，最适合盛放煮蚕豆或者豌豆大小的食物。

白瓷青花龙绘茶碗（上）
赤绘描金璎珞纹深碗（右）
仁清瓷能绘小茶碗

【不同季节的形制、用于典礼的形制】

①古青花笋形前菜盘（上）
仁清瓷花筏绘圆盘
②紫交趾茄子形前菜碗（上）
仁清瓷团扇形牵牛花绘盘
③紫交趾菊叶前菜盘（上）
枫叶形水绘小皿
④水仙猪口形前菜深碗（上）
鹿药绘椭圆形前菜盘
⑤黄交趾熨斗凉菜盘（上）
鹤形凉菜盘
⑥锦缎鸳鸯珍味盒（上、右）
仁清瓷阿多福珍味盒

日本的文化根源于其四季分明的气候。如前所述，日本料理呈现了四季的变化，这是其一大特征。而食器在呈现料理的季节感上发挥了很大的作用。在其他国家的料理中，通常是改变当季食材的形状，再对其进行适当烹饪，然后将菜肴放在餐具中。日本料理也是以使用当季食材为主，而且，当季花草树木的变换，每个季节的庆典、活动、节日的习俗等都在料理中有所展现，这是日本料理独特的四季表现手法。

图①的笋形前菜盘，其形状取自代表春季的典型食材——竹笋，它象征了万物在春季的繁荣生长，由此笋形前菜盘作为春天专用的食器；同样作为春天的食器，花筏绘圆盘，仅在樱花从盛开到凋零的期间使用。夏天的食器，如图②的团扇形牵牛花绘盘，以及仿制夏天蔬菜的代表——茄子的形状而制成的前菜碗。秋天的食器，如图③的表现着旺盛红叶的枫叶形水绘小皿，以及绘有菊叶的前菜盘等。冬天的食器，则有如图④的画着让人联想到竹叶上的初雪的鹿药绘椭圆形前菜盘，以及绘有寒冷时节满开的水仙的猪口形前菜深碗。将这些季节限定的食器灵活组合运用，仅是看到食器就能尽情地感受季节的更迭。

此外，和四季变换相同，也有表现典礼的食器。在庆祝喜事时，通常会制作使用虾、鲷、螃蟹等红白配色食材的料理，用于盛装此类菜肴的容器，也是选用了合适的形状和图案。图⑤⑥的食器，有状如将干鲍鱼片捆绑成折扇形的食器，象征长寿、健康，也有鹤坐巢中形状的前菜盘，还有象征着夫妇和睦的鸳鸯形食器，代表着幸福的阿多福脸状的食器。另外，红、白、金、银、鹤、龟、松、竹、梅等形状的食器也很常见。

在日本料理中运用的食器种类
漆器

◎ 所谓漆器

所谓漆器，是指用从漆科树木上取下的树液涂在木胎上制成的食器。漆产自日本、中国、朝鲜、越南等地，是亚洲地区引以为豪的特产。

或许在欧美人的印象里漆工艺是日本独有的，因为漆器在英语中被叫作“japan”。漆的历史很古老，据说，在绳文时代和弥生时代，就已经使用物品涂有整漆的梳子、碗、弓等。并且，这些东西的漆皮部分并没有被腐蚀，而是被完整地保留下来。这证明了漆器不仅外形美丽，而且牢固实用。因此，此种工艺也被运用在铠甲、头盔、木造船的船底、钓鱼竿的涂料等的制作中。

漆器经过重复薄涂和充分打磨，增加了光泽感且变得牢固，此外，还能耐酸碱、耐炎热。在制作过程中加进颜料，能使漆器呈现黑、朱、黄、绿、赤茶等颜色，所有这些确立了漆器作为食器的地位。

在日本，漆工艺品、漆器的产地很多，在此举出几个代表性的例子，介绍其特征。

漆器的种类 1
【根据产地分类】

1 轮岛

说起漆器的产地，大家都会首先想到轮岛吧。轮岛漆器是以位于石川县能登半岛的现轮岛市命名。它的特点是将烧制黏土制成被称作“地之粉”的粉末状土，将其加入生漆，再涂抹于榉木的木胎上，以增加木胎的牢固性。在制作过程中会反复涂抹漆，以产生独特的光泽感。轮岛漆器以莳绘、描金等技法为代表，据说从开始到完成要经历一百多道工序。

轮岛涂芦边莳绘时代碗

木胎吕秋草绘炖菜碗

2 山中

山中涂漆的技术据说是从越前的旋加工工艺师来到大圣寺川上流之后开始兴起的。在那之后，随着山中温泉的需求而发展。山中漆器以辘轳旋成的圆形漆器为代表，其特征是在木胎上涂朱漆，完成的时候再涂上半透明的饴色漆。它同时传承了京都、金泽等地的泥金画技法。

鹤龟莳绘炖菜碗

3 京都

在室町时代之后，随着茶文化的繁荣，京都也成了漆器生产的中心。京都漆器有着在其他产地看不到的风雅闲寂的趣味。京都漆器以高级品为主，涉及茶道用具、食器、家具等。江户时代的尾形光琳和本阿弥光悦等大师流传下了豪华和细致并存的匠心。京漆器也被称作“京涂漆”或“京莳绘”，它有着设计高雅，质地结实，光泽度佳，角度垂直美丽等特点。

4 春庆

说起春庆涂漆，如今岐阜县高山的飞驒春庆，秋田能代的能代春庆都很有名。两者的特征是，在用红丹或栀子染色后的木胎上涂抹高度透明的透漆，以表现出木纹的美丽。随着时间流逝，春庆涂漆的色彩逐渐变深，显得更加沉静。其代表作品包括盆、多层食盒、便当盒、点心钵、茶托等各种各样的食器。

春庆大德寺便当盒

5 根来

根来原来是指在现在的和歌山县根来的真意真言宗的总本山根来寺中，作为日常食器使用的漆器。据说在江户时代它被称作根来物。它的特点是在制作时，先涂黑漆之后再涂朱漆，干燥后打磨表面，黑漆的部分在器物的表面作为花纹展现。但是在制作起源上，它最初并不是用技术进行打磨，而是由于长时间的使用，朱漆掉落，里面的黑漆才变成纹路浮现在器物表面的。

根来朱色涂漆大盘

漆器的种类 2
【根据手法分类】

1 漆绘

漆绘是用彩漆绘制而成。彩漆是在漆中混入颜料着色形成。此外，在之前所述漆绘的基础上再涂撒彩粉的食器也被称为漆绘。

青枫汤碗（右上）
二色陀螺汤碗

2 泥金画

漆的技法是从中国传入的，但是泥金画的技法是平安时代盛行的日本的技法。泥金画手法是指在干燥的漆面上用漆画好图案，趁着漆没干时，将金、银、锡等色粉涂在器物上面，待其干了之后再进行打磨，以表现花纹。根据色粉涂抹方法的薄厚而产生“层次”是泥金画技法的特征。

四季泥金画大德寺盆

3 螺钿

本来“螺”是指螺旋状的贝类。“钿”是指镶嵌贝壳的手工艺品。螺钿是一种将夜光贝、鲍鱼、白蝶贝等的内侧珍珠色反光层的部分取出，再将其镶嵌在漆胎或者木胎上形成花纹的技法，也有在镶嵌好的贝壳上再次进行雕刻，展现出更细致的花纹的工艺。这种工艺不仅适用于贝类，在玳瑁或金属（金、银等）上也有运用。

金彩螺钿食盒

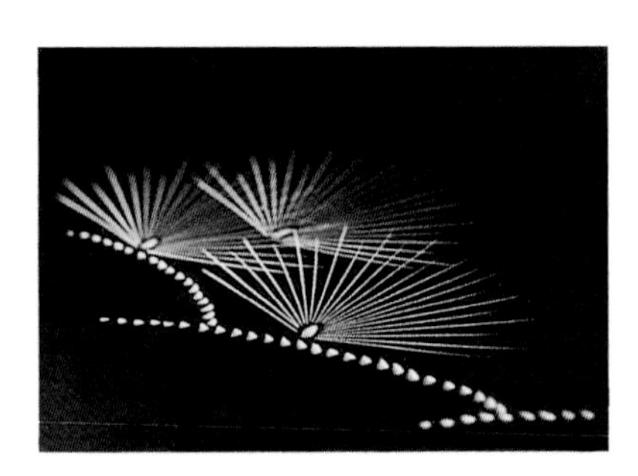

轮岛涂黑幼松描金绘圆盆

4 描金

描金是在涂漆的器物表面，用刻刀或者凿子雕刻出花纹，在刻出的沟壑部分涂漆，趁着漆还没干的时候撒上金箔、银箔、色粉等，是一种表现出点线之美的手法。

5 一闲纸胎漆器（一贯张）

一闲纸胎漆器，俗称“一贯张”，是一种在木模上重复粘贴并涂抹纸、糊、漆等，以形成素胚，然后再涂漆的器物。图片中的器具，是在用竹子编成的筐形模上贴和纸，然后再涂上有防水效果的柿漆制成的器物，也有在此之上再叠加铁丹或漆料。不管是哪种都很牢固，防水性很强，并且还很轻薄。一闲纸胎漆器名字的由来有很多种说法，比如说是由法号为一闲居士，本名为武野绍鸥发明的，也有说是江户时期，由从明朝东渡而来的飞来一闲设计的。

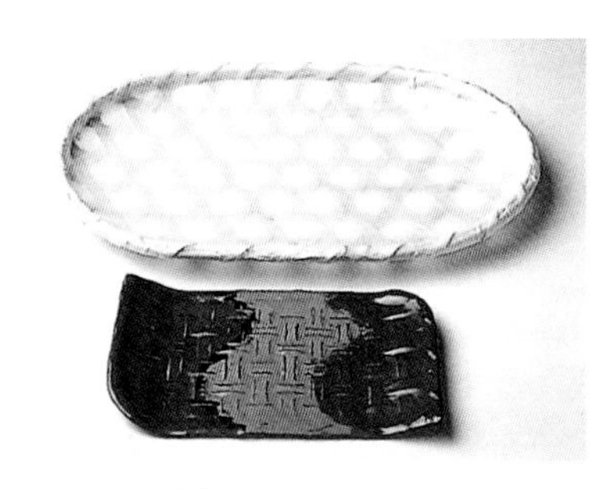

贴和纸椭圆形八寸盘（上）
谁袖铭铭盘

虽说一贯张有防水效果，但和其他漆器比起来，其防水效果是很弱的。摆盘的时候要避免盛放水分多的料理，在使用后要用热水浸过并用拧干的毛巾擦拭，然后再进行干擦，这是长久保存的窍门。

6 篮胎漆器

篮胎漆器是用竹片等编织而成的篮状食器。其制作手法是将漆和木屑等熬制的混合物塞满食器的缝隙，使其干燥，再在其表面重复涂漆。

篮胎网状篮

【碗的分类】

1 煮物碗

正式的怀石料理基本上是三菜一汤，煮物碗就是其中用来装煮物的碗（①）。煮物碗属于大型碗类，为了能尽量多地装下菜品，它需要足够的空间。最近作为宴会料理专用的汤碗也变得常见。除了不同季节的花纹之外，也有四季通用的花纹。

①红格子漆绘古色碗
②菊泥金画高汤碗
③竹高汤碗

2 高汤碗、汤碗

以宴会料理为主，日本料理中的汤均会使用高汤碗（②）装盛。汤碗是中等大小的碗，容量大约在 120 毫升 ~ 150 毫升之间。而汤碗一般和饭同时奉上，其容量为约能盛放 120 毫升味噌汤的小型碗。

3 小汤碗

小汤碗在怀石料理中，本来是用于盛放提供在酒肴“八寸”前食用的清汤。喝汤是为了漱去原来口中的味道，以便能够更好品尝接下来的酒肴。小汤碗用来装少量的汤，大约 50 毫升 ~ 70 毫升的容量。在会席料理中，因为其容量较小，除了用作汤碗，还会用来盛放宴席最后搭配抹茶食用的甜点，如小红汤、葛粉等（③）。

4 平碗、大碗

这两种类型的碗，基本不用于汤汁多的料理，主要是用来盛煮物拼盘。大碗大约是两手摊平的大小，可用来装盛多人份的料理，或是去掉碗盖，在其中铺上吸油纸垫，用来盛放炸物，又或是用树叶垫底，放上烤物，这不仅看上去豪华，而且还很有趣。

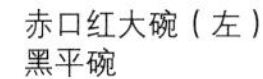

赤口红大碗（左）
黑平碗

5 饭碗

一般以陶瓷制品为主。在怀石料理中，用漆碗（或者黑漆碗）当饭碗，和汤碗成对，这种组合被称为“四碗”。会席料理、一品料理、家庭料理等皆仿此，使用漆器的碗，格外增添趣味。图片中介绍了黑色和红色漆碗，为了衬托出白色米饭，使用单色的食器比较合适。此外，这些碗在日常生活中也能当作汤碗使用。

轮岛黑漆汤碗（右）
轮岛红漆汤碗

【其他漆器】

①锯齿纹斜角边白木托盘
②漆制圆形托盘
③杉木纹半月形托盘

1 托盘

托盘作为摆放料理的食案，原本是指将白木方盘的四边折弯后形成的斜角边食器（①）。在形状上，有稍微带点弧度的四角形，还有切角而成的八角形。托盘最早是用来装盛祭神的供品及相应食器的。后来，在会席料理、怀石料理中，也出现了涂漆的托盘。图中除了白木托盘，还有涂漆的圆形托盘（②），以及杉木纹半月形托盘（③）。托盘有各种各样的形状、设计、颜色等，根据季节的不同或者宴会的目的，可以自由搭配使用。最近，以餐桌形式为客人提供日本料理的情况变得常见，使用单人餐垫大概也是一个有趣的主意吧。

搔合红漆大德寺食盒

黑漆松花堂食盒

2 食盒

——大德寺、松花堂

食盒是四方形，有边沿及盖子的食器。用其装上点心、寿司等，常常被称为“……便当”。其中，图中的大德寺食盒（①）和松花堂食盒（②）最具代表性。大德寺食盒是受到在京都大德寺举行茶会的时候，用来装盛糕点的食器的启发制作出来的。松花堂食盒的特点是内呈田字形且被分成四等份，以松花堂昭乘用来装烟草或者小物的无盖分隔箱状容器为原型，由初代“吉兆”主人设计，从而成为便当盒。不管哪种，它都不只是用来装点心，还能在其中放入其他食器或餐垫，并根据心情随意摆放，可以说是利用范围很广。

高泥金画四角套盒

3 套盒

套盒作为保存食物的工具，据说是从室町时代开始使用的。从江户时期开始，套盒得以推广和普及。人们在游山玩水或者听戏的时候，将料理放入套盒内，由于携带很方便，所以它被人们视若珍宝。此外，它还被用来装节日宴会中事先做好的料理。一般正式的套盒是代表四季的四层食盒，有时也会再叠加上作为补充用的第五层食盒。以前的料理店会将正月料理放在客人自己喜爱的套盒中，现在的正月料理很多都是放在千篇一律的套盒中直接贩卖。如今，还出现了新的套盒使用方法。在料理店里，有时会在套盒内铺上一层沙冰，各层摆上刺身，做成分装风格；或者是在其中放入装有珍味的香盒，显得十分豪华。

现在在自己家做节日料理的情况已经越来越少见了，用套盒来盛放出去游玩带的便当或者是季节性的寿司等也是不错的选择。

三足秋草绘盛器（上）
黑羽毛毽板盘

4 八寸皿

“八寸”这个名字有点不可思议。在怀石料理中，人们会将两种或三种的山珍海味（酒菜佳肴）装在 8 寸长（约 24 厘米长）的四角形的白木板上。这便成为此种食器名称的由来。也就是说“八寸”是从食器的尺寸而来。有时候在会席料理中用来装盛精心研制的多种佳肴套餐的食器统称为八寸。现在不仅有四角形、圆形，而且还有如图中所示的羽毛毽板形的八寸。这类器物图案丰富，更能灵活表现季节的变换。同时，即使是同种类型，根据尺寸的不同，还分为五寸皿、六寸皿、七寸皿等种类。

【用于典礼的形制】

和陶瓷器一样，漆器也有专门用于典礼的形制。其中包括食器本身呈现日出、扇面、鹤、龟、松、竹、梅等寓意吉祥形状的，还有根据图案、颜色等具有象征性的东西来表现寓意的。图中下方的碗，碗盖上画着象征着长寿的鹤正挥动着大翅膀飞下来的姿态。这是在涂了朱漆的基础上画了厚厚的泥金画。上方的碗较为简单，用漆绘画了纸绳的图案，并运用了庆祝时不可缺少的金色和红色。

黑熨斗泥金画碗（右）
单鹤泥金画日出碗

【漆器的使用方法】

由于涂漆工艺会使物品变得结实牢固，所以有时会将漆涂装在头盔、船底或钓鱼竿等东西的上面。此外，由于漆的耐酸碱、耐热性和黏着力，其在金箔工艺上也有运用。

这些器物除了要避免阳光直射和置于干燥环境，也要避免干热以及和金属的直接接触。使用时需要注意。

● 新漆器

刚做好的漆器有种特有的味道，通常没有一年是散不掉的。以下是从古代流传下来几种去异味的方法。

○在温热的淘米水中加入白醋，直接清洗漆器或者是将布浸湿了之后擦拭漆器。

○用浸了醋或酒的柔软的布擦拭像碗那样有些深度的漆器后，可以在碗内放满豆腐渣，放置一段时间。

○时间充裕的话，最好的办法是避开阳光直射，进行阴干。

● 使用之前

由于漆易产生变化，往长时间收纳起来不使用的漆器中，突然注入热的液体的话，就会有变色或者龟裂的可能性。应先用温度不烫手的热水稍微将其浸泡，用柔软的毛巾擦去水分等准备工作是很有必要的。

● 清洗方法

漆器用完之后应直接放入温水里，小心清洗，然后用柔软的毛巾擦去水分。

如果漆器很脏的话，就稍微提高水温，但是不用洗洁精清洗。

如果有泥金画或者描金等装饰加工的漆器，就不能特别用力擦拭。

● 收纳方法

漆器清洗之后应放在平铺的毛巾上，大概阴干一晚。

用柔软的和纸或者布包裹，收纳在木箱（最好是桐木箱）中，保存在没有冷气或者暖气的地方。

在日本料理中运用的食器种类

其他

木工艺
竹工艺
玻璃工艺
金属工艺
贝壳类食器等

在日本料理中，并不只是以烹饪不同季节的食材来表现四季的变化。比如说，直接将春天新鲜的竹笋皮当作食器来用，在满满的秋日红枫上悄然放上烤松茸等，人们用所有的五感来感知季节，表现其变换，这是日本料理的特点。除了前面提到的食器，还有各种各样的物品可作为“食器”使用。

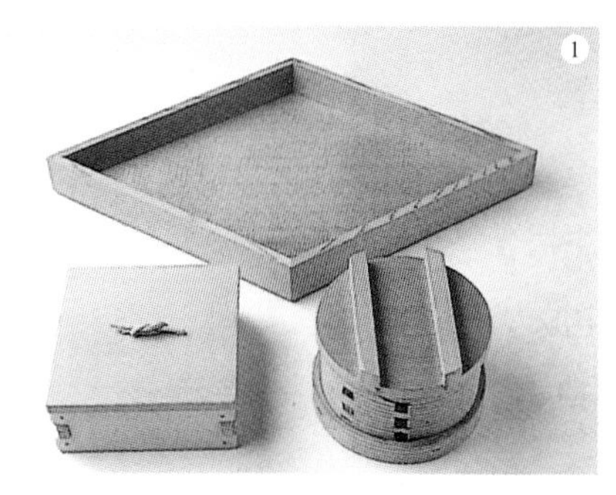

白木的木工艺品（①），不仅拥有自然的树皮的温度，在浸水的时候还有潮湿的凉意，有种清爽的感觉。对竹制品而言，新出的青竹的青色外皮能表现出它的新鲜，可以劈成细细的竹篾再将竹篾编成青竹筐或白竹筐（②），在炎热的夏天使用它们会让人感觉到凉爽；而将竹子进行熏蒸或者浸漆（③），能表现出晚秋的惆怅和伤感。

①白木菱形八寸盆（上）
木制方形蒸笼
木制圆形蒸笼
②手拿六网眼篮（左）
香鱼篮
③凉席纹簸箕（左）
黑竹带长柄小篮

④波希米亚风变形小菜碟（上）
亀甲花雕金边玻璃盖碗（右）
琉璃竹纹轮花盘
⑤赤铜土瓶蒸锅（右上）
千筋锡烫酒壶（右下）
铸件树叶锅（左上）
银质有柄小锅
⑥银彩虾夷盘扇贝（右上）
磨鲍贝（左上）
蛤内金箔樱绘珍味盒（右下）
蛤内金箔草花绘珍味盒

玻璃食器（④）在日本料理中被称为“金刚石”，也就是指钻石。因为在切割工艺（雕花工艺）中会用到钻石因而有了这一叫法。精细加工过的玻璃食器不管在视觉上还是触觉上都使人产生清凉之感。江户花雕玻璃、萨摩花雕玻璃或者是边缘用金银装饰的玻璃，都是值得收藏的器物。

金属制的食器（⑤），基本上都是在客人面前用作加热器皿。将在厨房做好的料理，用某种食器进行装盛并提供给客人，是很自然的一种方式，让人觉得理所当然。就如同用筷子夹菜送入口中，不过是动作的反复，没有任何趣味，也缺乏变化。如果说几样菜中的一种，可以由客人参与料理制作的话，就会有不一样的体验了。当然，难度大的料理肯定是不可能的。这个时候，在一人份的炭火炉上根据个人喜好烤制一口大小的肉，在小锅内已经煮好的菜中放进鸡蛋等，这样通过简单的操作使客人参与到烹饪中，也能调节气氛。这一类的食器材质主要是银、铜、锡、铁、铝等各种金属。导热效率高的金属器物，不仅可以作为烹饪工具，作为食器也是充满乐趣。

鲍鱼除去外壳做成刺身，再放入原来的壳中进行装盘，是常见的情形。将鲍鱼放回到自身的壳中的摆盘被称为“身归”，而放在扇贝壳中则被称为“借宿”。日本料理就是这样，适当加入文字游戏，并享受着摆盘的过程。通常，人们会将废弃的贝壳进行处理，有时进行打磨、涂漆等操作，从而使其成为漂亮的食器（⑥）。在成对的蛤的壳上画上相同的花纹，在女儿节的时候用来盛装料理的做法非常有名。这种做法来源于古代贵族女子间的一种名为“赛贝壳”（见第 104 页）的游戏。

餐垫

在飞鸟时代（公元7世纪），有马皇子被流放到磐代（现在的和歌山县），曾于途中咏唱了一首和歌，意思大概是“在家里的时候，就用竹制食器盛饭，现在流浪在外，就用栲树叶代替食器来装”。日本在没有食器的时代，曾有过一段时期，用一片叶子或将几片叶子组合起来，再用草木的藤蔓编成凹坑状或平盘状来当作食器使用。在此之后，为了防止土器的味道转移到食物上，便将叶子放在土器上面当铺垫。这就是日本料理中“餐垫”的起源。不同的叶子有不同功效，如防腐、防臭等功效。叶子是常见的食垫。此外，花、薄切片、纸垫一类也属于餐垫，现在，料理中使用食垫是为了增添绿色的色彩，或表现季节感，以增强料理的表现力。

● 松叶

松被看作是长寿的象征，所以和竹、梅一样，在盛大的节日料理中是不可或缺的。当然，日常也可以使用松。以松叶刺穿黑豆、银杏做成的松叶刺在实际生活中是比较常见的。

● 竹叶（竹）

竹子的特点是生长很快，所以在祝愿成长的宴会上，竹叶是不可或缺的。除了这种用法，还可以将竹叶放在淀粉中，营造出一种雪中落竹的感觉。大片竹叶不仅可以直接拿来当餐垫，还可以拿来包粽子或者其他食物。

● 山茶

在古代就有鉴赏野山茶的习俗。室町时代及安土桃山时代，随着茶道的发展山茶花也受到重视。江户时代，山茶被大范围培植。山茶别名为“茶花中的女王”，是从晚秋到早春的餐垫的代表。山茶花和山茶同属一科。

● 交让木

这种植物开始出新芽的时候，老叶就会让出空间自动落下，所以在象征着世代交替时会经常使用此物。

● 南天竹

南天竹在日语发音中和“逆转困境”一词谐音，故它也被称为“难转”。祈祷消灾的时候或者是庆典的时候经常使用此物。

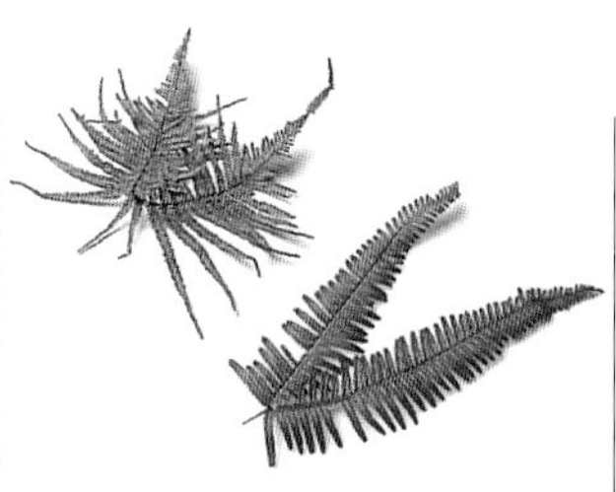

● 里白

里白是一种蕨类植物，它的里面是白的，有种纯净感，并且内侧有些许的凹形，所以经常在正月的食盒里使用此物。若是一对叶子则象征着夫妻恩爱。此外，它还有防腐作用。

● 樱花

在日本，从平安时代开始，单说“花”的话就是指“樱花”。现在，说起樱花，就会想到日本。每年樱花前线的逐渐北上，宣告着真正的春天的到来。绚烂的花朵和短暂的花期，更增加了人们对樱花的迷恋。将樱花作为餐垫时，从含苞待放的花蕾或完全绽放的花朵，撷一朵在料理中；当花落时，则取一两瓣樱花花瓣放于便当或料理中……随着花的变化灵活运用于料理中。樱叶也如是，如果使用新叶，就添附了明艳的绿色和清新的香气；秋季，可以用染红的树叶展示出秋天的风情。若用樱叶盛放烧烤，叶子经过炭熏之后，整个屋子都会散发着樱花的幽香。

● 柊树

由于其叶子的周围有针状凸起，古时人们认为代表厄运灾病的“鬼”很怕这个。柊木是节气料理中常用的餐垫。

● 葛叶

葛是秋天七草之一，其根部含有的淀粉被广泛使用在制作葛粉上。藤蔓上的葛叶是羽状复叶具3小叶，根据叶片大小不同可作为料理食器的替代品，也可垫在食器下以表现出季节感，还可起到防止漆器受损的作用。

● 构树叶

构树从古代开始就是供奉神明的树木，在神社之内经常可以看到。古代，用构树的纤维制作纸和布。构树与七夕节有很大的关系，当时的七夕节是女子祈愿女红技艺进步的节日，她们在叶子的表面书写和歌，这也是现在在纸笺上书写愿望并绑在竹子上的风俗的起源。构树叶是夏日餐垫的代表。

● 艾草

众所周知，艾草是艾灸疗法中所用的艾绒的原料，并且还含有很多其他的药效成分。它的特点是带有清香，口感有微微的苦味，被用来制作艾糕或者是艾草团子。此外，从古代开始就流传此物能驱邪的说法。从春至夏，将艾草放入料理中，可以让人享受有趣的形状和色彩。

● 厚朴叶

厚朴的大大的团扇形的叶子有一定的杀菌效果，古时候被用来包裹食材。从初夏到秋初，因为绿叶的香气，有时候会直接用它来当餐垫，或者是用来包裹烧烤、寿司等，这样料理也能吸取叶子的香气。此外，将干燥的叶子重新放入水中，使其恢复原状，之后加入味噌或者其他食材，再用炭火进行烤制，边烧边食用的厚朴烧也十分有名。

● 枫

正式名称是“枫”，但通常被称为红叶，可能这种叫法显得更为亲切。从初夏到初秋，枫叶呈翠绿色，透露出清凉的感觉，到了深秋时节，会用和红叶名字相映衬的红枫来搭配并衬托料理。

● 一叶兰

一叶兰又叫蜘蛛抱蛋。最早是利用其大片的叶子来包裹并保存食物。现在经常被做成雕花，在寿司店中广泛使用。

※春天和秋天各有七草。春天的七草是芹菜、荠菜、佛耳草、繁缕、宝盖草、蔓菁、萝卜。秋天的七草是胡枝子、芒穗、葛花、瞿麦、佩兰、黄花龙芽、桔梗。春天的七草都是可食用的植物，而秋天的七草是观赏用植物。

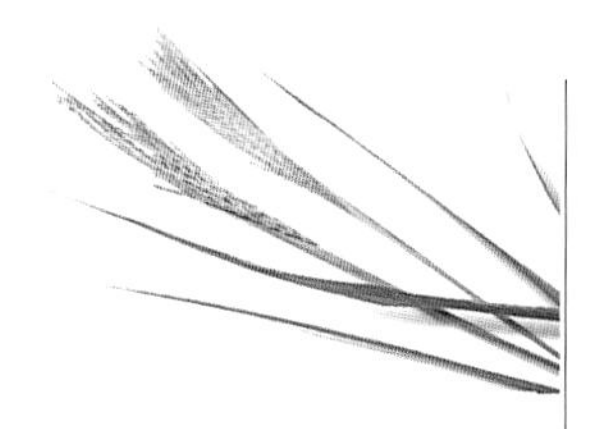

● 芒穗

秋天七草之一，别名作尾花，这是因为其开花时候长出的穗跟动物尾巴很相似。芒穗和胡枝子都是十五夜的供花的代表。但是作为料理的餐垫的时候，为了使穗子不脱落，选用没开花的幼枝更为合适。

● 莲叶

莲叶是人们熟悉的根系蔬菜莲藕的叶子。莲叶呈大研钵状，所以在其叶面上铺上碎冰之后作为盛装刺身或面类等冷菜的食器，或是作为展示季节感的餐垫来使用。同时，有趣的是，它也可以作为钵装料理的钵盖来使用。 莲花、莲子、莲叶在佛教、密教中有特殊的含义，因此在八月的盂兰盆节期间会作为餐垫使用。不管是哪种使用方法，莲叶都能展示出大气的摆盘。

● 菊叶

重阳节（菊花节）的时候，有“菊棉”这一习俗。夜晚时将丝绵盖在菊花上面，丝绵吸收带有菊花香气的露水。于翌日饮用这种露水，或者用棉花掸身，包含着祈求长寿的愿望。菊花作为秋天的代表花，花和叶子都可以用来展现秋天的季节感。

● 胡枝子

胡枝子也是秋天七草之一，圆形叶子上开满红紫色或白色的小花。这种植物很难脱水，但是将树枝的切口进行熏烤或者进行撕裂，就会变得容易脱水。小豆粒和胡枝子开放的姿态很像，所以小豆饼又叫萩饼。由于胡枝子叶子很小，赏月的时候，会连枝一起使用，作为料理的装饰物。

● 栗叶

栗叶是表现秋日果实的不可或缺的餐垫。但是，由于栗叶经常被虫子啃食，挑选状态良好的叶片会很不容易。靠近枝头前端的小叶子应用更为广泛。

● 柿叶

在秋天的山林中，和枫树、樱叶一样，柿叶的颜色也很鲜艳。柿叶的特征是根据场景的不同，叶子的状态也会有所不同。它的颜色很有趣，可以说是体现秋日风情的不可或缺的餐垫。用在盐水中浸泡过的涩柿的叶子包裹而成的“柿叶寿司”有一定的防腐作用。

● 银杏叶

银杏在落叶树中算是落叶较晚的，所以当黄色的银杏叶落下时，能让人感受到晚秋的风情。夏天会比较常用绿色银杏叶，初秋若是用渐变黄的叶子，不仅能表现美感，还能表现出季节的变换。

筷子

一般家庭餐食中使用的筷子有漆制、树脂或塑料等材质的。筷子的重量和长度都属于使用起来很方便的类型。因为用餐时间有时候会比较长，拿着筷子的次数也会出乎意料的多，所以如果是较重的筷子，使用起来就会很累。据说适中的筷子长度大约是手掌下半部分到中指前端的距离。或者是用力张开手掌的时候，大拇指的前端到中指的前端距离的 1.5 倍长也是比较理想的长度。

另外，在料理店中，筷子分为客人用的筷子和料理分盘用的公筷。店里的食用筷一般是用杉木、竹、柳木等原料制成。从多人份的料理中分出一人份餐食的时候，所用的公筷一般是竹筷，比较有代表性的是青竹、白竹等。竹筷也分多种，没有竹节且两端被削细的为“两细”，竹节在顶端的称作“天节”，竹节在中部的为“中节”，稍微有些难以操作，保留了自然的曲度和竹皮的则是“钓樟”。

食用筷

● 杉木利休筷（①）

以杉材为原料制成的杉木筷。据说是由千利休设计的。筷子的两端比较细。通常做法是将筷子先浸在水里，使用前再擦去水分。这是为了防止筷子前端染上汤汁或者调味品等的味道。

● 杉木浸漆筷（②）

是指浸漆之后的利休筷。色调十分恬静，让人有种安心感。

● 杉木削顶一次性筷（③）

杉木材料的一次性筷子，由于顶部被削去一部分所以取了这个名字。属于高级的一次性筷子。

● 竹制削顶一次性筷子（④）

竹制的一次性筷子，和杉木削顶筷一样是高级的一次性筷子。

● 柳木制喜筷（⑤）

因为是柳木材质，很难被折断，因此作为庆典时的筷子使用。别名又叫杂煮筷、羹筷、孕筷等。

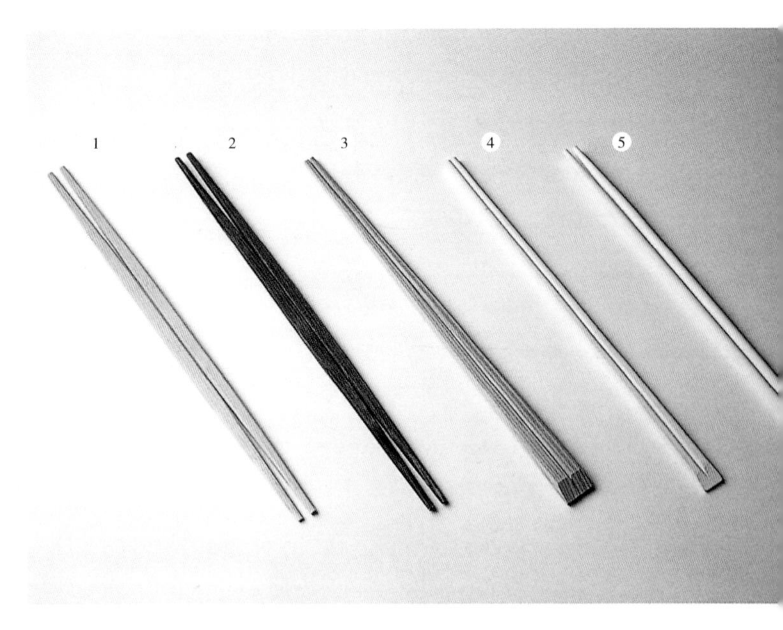

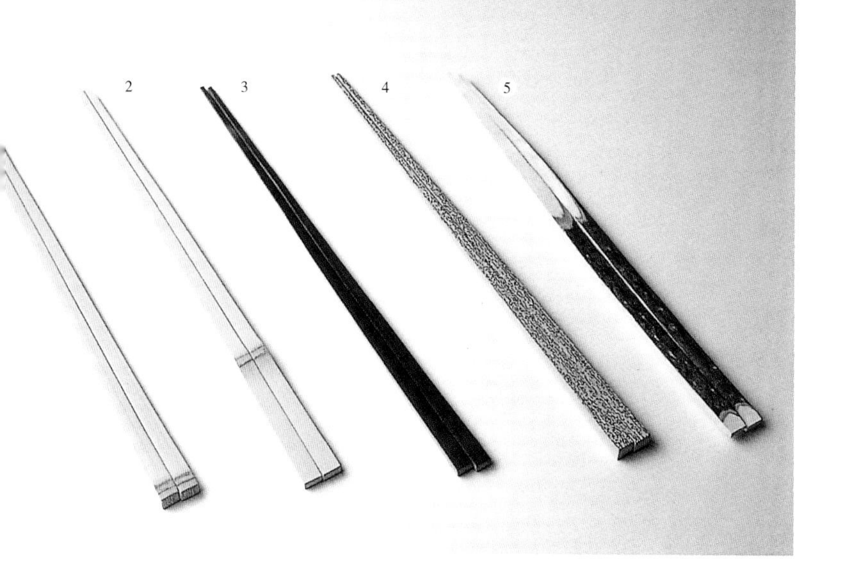

公筷

● **天节白竹筷（①）**

竹节在顶端，因而得此名。

● **中节白竹筷（②）**

竹节在中部，因而得此名。

● **竹熏筷（③）**

将竹子用烟或炭熏制一段时间，再用熏黑的竹子制成竹熏筷。竹熏筷的特色是配色较为朴素。由于是竹制，筷子前端比较纤细，可以用来取夹菜肴，也可以用来夹取糕点。

● **胡麻竹筷（④）**

竹子表面好像撒了黑芝麻，因此得名。可以用来夹取菜肴和糕点。

● **钓樟筷（⑤）**

钓樟木有着自然的色调和形状，并自带香气，除了用来制作筷子，还可以用来制作牙签。钓樟的绿色树皮上有黑斑，看上去就像文字。

青竹公筷

● **两细青竹筷（①）**

和杉木利休筷一样，两头都是细长的。

● **中节青竹筷（②）**

竹节在筷子中部。

● **天节青竹筷（③）**

竹节在筷子顶端。

※ 青竹筷作为八寸、烧烤等食物的公筷来使用。其特点是鲜明的色彩和新鲜度，一般只能使用一次。

筷托（筷枕）

筷托是为了防止筷子直接接触到餐垫或者食物。它个头虽小但是作用不小，所以在材质、大小、形状、图案等各方面都各有不同的款式。在有很多客人的情况下，大家的筷托各不相同，有时也会用当季的树枝或花来当筷托使用，这些做法都让料理充满了乐趣。

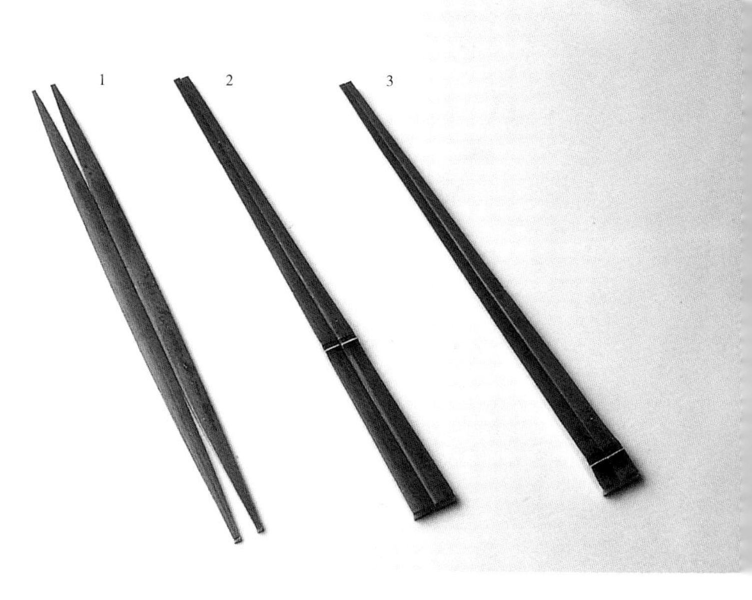

食器用语

【预存钵】

在怀石料理或者会席料理中，会在盛放料理的钵中放上公筷让客人各自取用。预存钵便是指是用于事先摆放料理的食器。

【线纹底部】

指的是陶瓷器的底部。用线把陶瓷器从辘轳上分割下来时，会在底部留下纹路，因此得名。也称“线切”“丝线纹底”。参照图片。

【彩绘】

在陶瓷器上用毛笔或者模版描绘图案。上釉后再绘画的叫釉上彩，上釉前绘画的叫釉下彩。一般彩绘指的是釉上彩。

【餐垫】

餐垫指的是为了摆放料理而将扁柏或杉木削成薄片，并将边缘打磨弯折的方形盘。现在将放在餐桌上的漆器或竹材组合的盆状食器也叫餐垫。

【饭桶】

饭桶是能保持米饭温度的带盖的桶状食器。由于它有适度的吸湿性，所以能保持米饭的美味。其材质一般是花柏、杉树或扁柏等。

【单嘴钵】

单嘴钵指的是在钵的一端有注入口的食器。它本来是作为从木桶或缸中，将酒、酱油、醋等转移到酒壶或者瓶子里的器具。现在，因为其形状有趣，也用作装料理的钵或者装酒的容器。

【雕花玻璃】

也叫刻花玻璃。指的是将玻璃表面经过磨刻、花纹等处理而制成的玻璃器皿。其中犹以江户雕花玻璃和萨摩雕花玻璃最为有名。

【红彩描金】

红彩描金指的是在彩绘的瓷器上再描金的瓷器。其样貌和用金线织成的织物很像。

【钓樟】

钓樟为樟科落叶灌木。它的树皮上有文字状的黑斑，十分有特色。由于钓樟木独特的香气，经常被用来制作筷子或牙签等。一般也可作为牙签的别称。

【合鹿碗】

由于其发源于石川县柳田村合鹿地区，因而得名。合鹿碗较大，无盖，可以用作饭碗、汤碗等。碗的底座设计得很高，这是为了使它即使被放在地板上，也能方便拿取。

【底座】

底座指的是盘、钵、碗等的底部的圆环状部分。参照图片。

【交趾瓷】

交趾瓷指的是在中国及周边国家烧制而成，以绿、黄、紫色药釉为主的软陶。由于是经由交趾的贸易船带来的食器，因此得名。

【吴须】

吴须是一种含有氧化钴的矿物，主要作为瓷器的彩色原料使用。使用吴须染成蓝色的瓷器被称作青花瓷。近来出现了很多人造吴须。

【出粉】

出粉是高丽茶碗的一种，由于白釉看上去像撒了粉一样，所以叫“出粉”。另外，因为看上去又像是被吹了粉一样，所以也叫“吹粉”。

【酒器】

酒器指放酒或者是喝酒的容器，包括铫子、酒壶、焖锅、烫酒壶、酒盅、猪口杯、深底大杯等。

【青瓷】

青瓷是指蓝色的瓷器。灰釉中含有的铁质被高温烧制之后，呈现出蓝色。

【青花】

青花指的是先用含有氧化钴的矿物（无须）在胚体上进行釉下彩绘，再涂上釉药烧制而成的器物。器物上的彩绘部分呈蓝色，因此得名。

【彩漆罩光】

彩漆罩光是涂漆手法的一种。它是以朱漆为底漆，干燥后再涂上透明漆的手法，包括朱漆罩光、京漆罩光等，其特征是呈现出半透明的美感。

【茶器】

茶器是用来饮茶的器具的总称，包括茶碗、小茶壶、水壶等。

【茶碗】

茶碗原本是指用来喝茶的陶瓷器，后来变成饮食用的陶瓷器的总称。提起喝茶用的茶碗，中国的天目、青瓷，朝鲜的井户、三岛，以及日本的乐、萩、唐津都很有名。

【铫子】

铫子是一种将酒注入酒盅的酒器。一般是木制或者金属制，柄较长，分为单嘴钵和两嘴钵。近世一般在婚礼上使用。

【猪口杯】

猪口杯指的是有些深度、开口较大的陶瓷制的小型酒杯。它可以作为配菜时装盛腌菜或酱的容器，也可以用来装汤汁等。在江户时代中期，猪口杯从主流的木制变为了以陶瓷制为主。

【酒壶】

酒壶一般来说壶口很窄，大多呈葫头形或者筒形，用来装酒或者酱油。它作为酒器使用时，除了陶瓷器材质，还有锡、银、玻璃等多种材质。

【茶壶】

茶壶是指陶制的煮水的器物。在圆形的壶身上有开口，手柄通常是由蔓草、竹或金属制成的，上面还带有壶盖。最早茶壶是用来煎药的器具，后来作为茶器广泛使用。

【大碗】

大碗指深的钵形器皿，分为有盖大碗和无盖大碗。江户时期，随着饮食多样化，出现了盛饭用大碗、面类用大碗、茶泡饭用大碗等各种各样的碗。

【覗】

指的是深形的小菜盘。由于其有一定深度，故要从上面窥视盘中的料理，所以得此名。它本来是用来装本膳料理中的拌菜调味醋的。

【酒壶套】

用来套在酒壶或者啤酒瓶外部的圆形或方形的容器。它能防止酒在加热或冷却时，水滴落在桌面上。

【白瓷】

白瓷是在白色的素胚上涂上透明釉药并用高温烧制而成。日本的白瓷起源于江户时代初期的有田烧。

【吹墨】

吹墨是将溶于水的颜料或者吴须涂在素胚上再吹动颜料或釉料的手法。

【焙烙】

焙烙是一种圆盘形的素陶土锅，用来煎胡麻等；或是将热石头铺在锅里，用来为烧烤类食物保温等。

【圆木桶】

圆木桶是将扁柏或杉木的薄板弄弯，并进行加热、定型等之后形成的圆形、椭圆形或者方形的容器，并且板两端的连接处用樱树皮缝合。近圆形的容器连接处在靠近自己前方一侧，方形的在另一侧，这种规则称为“丸前角向”。

【砧板盘】

器物下部分有脚支撑的板状容器。因为它长得很像砧板的形状，所以得名，一般为陶制，分量较重，用来装大份的料理很方便。

【碗内侧】

碗内侧主要指食器内侧部分。参照图片。

【虫眼纹】

将涂了釉药的器具进行烧制，由于素胚和釉药的收缩有差异，器皿边缘釉彩脱落露出素胚，这种现象叫作虫眼纹。因为看上去像虫蛀了一样所以得名。古青花瓷器、初期伊万里中可见这种现象，也可以作为景色进行欣赏。

【布菜盘】

布菜盘指的是个人用的盘子。主要指将大盘中的料理、点心等进行分装时使用的盘子。

【热水桶】

指有注水口和柄把的木制器具，主要是用来装热水或酒。一般会涂漆。怀石料理中在上最后的热水时使用这种工具。另外，也作为倒荞麦面汤的道具使用。

【釉药】

釉药也叫釉子，是为了防止素陶吸收水分，或者是为了装饰用的玻璃质的东西。

【四碗】

四碗指木制的涂漆碗，每四个组合为一人份。在本膳料理中指的是饭、汤、平、坪 4 个碗的组合，在怀石料理中是指饭碗、汤碗的碗本身和盖子的组合。

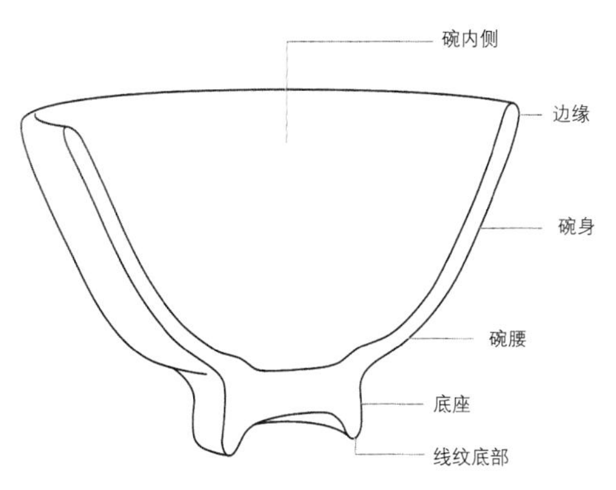

参考：《烧制器物事典》（平凡社刊）

摆盘的基础知识

摆盘的基础知识

一般日本料理的摆盘是没有严格规定其呈现形态的。但是，辛苦制作的料理，最终呈现的是高雅格调，还是平庸俗气，这在某种程度上取决于是否知道一定的摆盘基础知识。在此，将介绍摆盘里最基础的七种摆法以及七大要点，即和食器皿的留白、料理和食器的线条、如何摆盘便于拿取和食用、摆盘的数量、料理的温度、料理的色彩、天盛式等。

七个基本要点

● 平盛

就如字面上的意思，平盛指的是在摆盘中不显示出极端的高低差的摆盘方法。通常，日本料理摆盘的基本形状是，在皿或钵类的靠里侧摆放得高，在靠近手的一侧摆放得低。而平盛这种方法多用于将多人份盛装的刺身分盘食用时的情况。

图片中是拟鲹平刺身、烤鲣鱼刺身、高体鰤鱼刺身的摆盘。为了使料理即使被取走了一部分，也不影响整体的形状和外观，采用以相同形式排列各种刺身，整齐摆放的“平盛”的形式，并搭配以野姜、珊瑚菜、土当归、酸橘、辣味的绿芥末等。如何做到不管从哪个方向都方便拿取，以及明确装盘的数量，都是摆盘时需要考虑的问题。

平盛乍一看好像是没有起伏、十分平凡且没有变化的摆盘，但是考虑到传递的便利，就显得十分合理了吧。

关于适合平盛的食器，应选择底部平坦，有一定容量的盘子、钵类等。

青瓷圆盘

青瓷牡丹唐草雕钵

● 杉盛

杉盛是指形如挺立的杉树，呈圆锥形的摆盘。这种摆盘方法常见于刺身、拌菜、焯蔬菜等。

图中盛装的是鳕鱼海带和芝麻白醋拌菜，摆盘从下至上，要点是摆成圆锥的形状。摆盘时要随时注意，不管是从正面看还是从上面看，都不能有特别突出的部分或者是超出范围。将形状好看的鱼块放在顶端这点也是很重要的。

一般要先调整好食物的形状之后再转移到食器中，放置在食器中央偏外侧，由于食客的视线是从斜上方看的，这样摆放的话从食客角度来看就刚好是正中央。

配菜也是同样的方法。为了凸显配菜的形状，窍门就是不要使用过多配菜。摆放的高度根据使用的食器灵活变化，如图，如果是边缘稍微有些弧度的食器的话，从正侧面能看到三分之一左右就可以；如果是比较深的食器，食物的顶点应在食器边缘的稍下方，这样的摆盘看上去会比较美观且有格调。关于食器的选择，应选用可以直接淋酱油或者调味醋作为基本的食用方法的食器，能够放入手中的大小和形状较为合适。

花三岛雕两切小菜盘

土烧舟形山水绘小菜盘

● 俵盛

俵盛指的是将草包形、圆形或方形等形状分明的料理，像稻米草包一样一个个整齐叠加的摆盘手法。

图中摆放着的是鲇鱼甘露玉子烧和海鳗八幡卷，虽然有配色和大小的差别，但是切口的形状相似，两者都是切口向上进行重叠，形式、花纹等都没有变化。因而，若将玉子烧的切口朝着正面稍微倾斜的方向，八幡卷的切口朝着正上方，只要稍微在摆盘上下点功夫，就能在设计上展现出变化。由于是多人份的料理，一眼看上去就能明白食物的数量也是要点之一。

分盘的时候，为了便于操作，基本都是朝着惯用手为右手的人的便利方向，摆成在端盘的时候不容易走样的形状。

● 叠盛

叠盛指的是变换角度和方向，依次叠加的摆放料理的方法。这种摆盘方法经常运用在烤鱼块上，如图，烧鲈鱼段摆放在放着温热的那智黑石的浅砂锅内。即使都是切段的材料，若切口的大小、切块的厚度等不同的话，像俵盛那样进行规则摆放是很难的。因此，应当结合鱼块的厚度和切口的形状，适当调整角度，使得能明确看出切块的数量，并且要以不容易变样的稳定的形状来进行摆盘。

此外，将切片的刺身以数片为一组叠加摆放也叫作叠盛。即使是同样厚度的切片，在形状上也会有微妙的差异，因此不宜将其完全重合，而是应留出适当空隙，变换角度，如果还能够自然摆放的话那就是最棒的摆盘了。

织部长角形竹绘盘

红土浅砂锅

● 混盛

混盛指的是将颜色和形状都不同的料理合成一道菜进行摆盘的手法。基本上以“杉盛”为基础，但由于各种料理的形状不同，大小各异，不能做到像杉盛一样从侧面也能看出明显的曲线。图中是在甜煮对虾、盐蒸鸭、煮过油茄子、冬瓜炖芋头、煮甜干香菇中放入冷却的勾芡汁的料理。首先，这道菜颜色的数量很多，为了不让装盘难以分配，一边考虑摆盘的位置，一边大致进行装盘。其次，用筷子调整形状和配色，此处的调整如果不是最小限度的话，就会失去自然的感觉，进而变成整齐划一且没有变化的摆盘。将切丝的野姜放在顶端，如果分量过多的话，就会失去清爽的感觉，而变成头重脚轻的俗气摆盘。放在顶端的野姜的分量足够食用也是很重要的，所以最好另外准备一些分盘之后备用的野姜。

● 集盛

指的是将数种料理紧挨着放在食器中间的摆盘方法。多用于炖菜的什锦拼盘当中，集盛不像混盛那样粗略，各种材料都有各自的作用。

图中是海鳗鱼子豆腐、过油炖茄子、煮芋头和绿色的万愿寺辣椒的拼盘。这种情况下，将形状鲜明、含有动物食材类的海鳗鱼子豆腐作为主菜，放在中央偏左的位置，靠手侧紧挨着放过油炖茄子和芋头，青色的万愿寺辣椒则活用其颜色和形状，立着放在靠右手边的位置。最后，将花椒芽和野姜丝放在顶端。更换茄子和芋头的位置也没有任何影响，但是芋头放在靠手侧的话，食客的视线会注意到白色料理上面，还是将不同颜色的茄子放在这个位置更好。

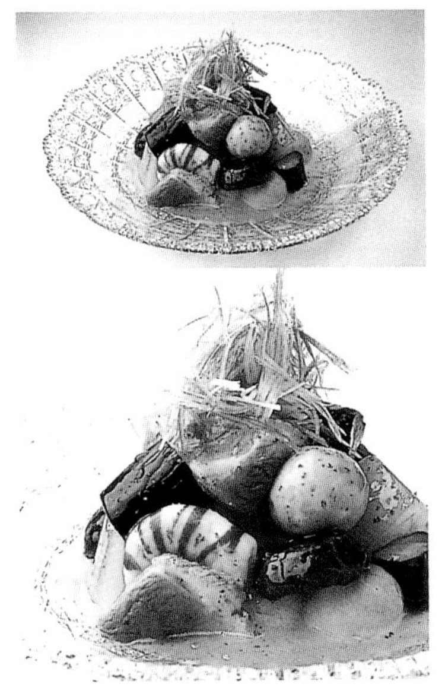

波希米亚风轮花盘

七宝书诘绘拼盘

留白

● 散盛

指的是为将数种料理各自的形状、颜色、味道都独立展现出来，而将料理零散摆放在食器各处的摆盘方法。这种手法主要在摆放前菜或小菜拼盘时使用。

图中是石鲽酒盗烧、对虾海参子烧、鳕鱼纸卷、康吉鳗鱼博多真薯、煮鲍鱼、醋拌野姜、毛豆等七种食物组合而成的“八寸”拼盘，每种料理都可以单独作为酒肴，所以食器也有必要选择能够留白的大小。但是，仅仅是散落在食器中，没有抑扬的话，还是不能显示出形状和颜色的，所以稍稍紧贴着摆放、竖着摆放等微调是很重要的。

图中的料理是一人份的，多人份的料理也可以用这个办法摆盘。在那种情况下，为了使得一眼就能明白所有食物的种类，要注意不论从哪个位置看都要均等排列。

不仅是日本料理，在其他料理中也是，料理和盛装的容器之间的平衡很重要。首先要根据料理的大小和分量来考虑食器中要留多少的间隙和留白。如果食器是单色的话，料理占食器的六到七成左右是比较合适的，也不会影响食器本身的美感。如果将季节限定为夏季的话，那么留白为五成会更加有种凉爽的感觉。如果是冬天的话，根据具体情况留白二到三成就差不多了。此外，如果是花纹比较丰富的容器的话，不论是夏天还是冬天，都只需要盛适量的料理，以保证能够充分观赏食器。

榉树皮天平高脚盘

留白的对比（夏天、冬天的对比）

直线和曲线

● 阴阳 ● 圆和方 ● 非对称

西洋料理大多是使用刀叉切开进行用食的，所以基本都是保持材料本来的形状直接放在平坦的盘子上。而日本料理是以使用筷子为前提，大部分都是将材料切分成适当大小后食用。因此，做成的料理基本是都是圆形或者方形的。如果是站在阴阳的角度考虑，直线为“阴”的形状，圆形或曲线为“阳”的形状。日本料理中，料理和食器的关系，以阴阳调和为佳，比如说，用圆形的钵来装呈四边形或五角形的煮萝卜。另外，寿司的切口如果是圆形的，就会用四边形的盘子来装。然而，这只是基本的想法，并不一定要遵守。故意不这样做的话，有时反而会形成流行的新的摆盘方法。

料理和食器阴阳调和的一个例子

便于拿取和食用

日本料理的宴席料理或一品料理中，每个人都有对应的一人份料理，所以摆盘时最好考虑到食客是从个人专用的食器中用筷子将料理送入口中的。不过，在人少的时候，也有必要考虑料理给客人的第一印象；在人多的派对时，有必要提供用大盘装着然后供客人自行分装的服务。

这种时候，首先将料理分成一口就能食用的大小是绝对条件。摆盘应活用前述的七种方法。如果是由侍者来分装的话，摆盘都朝一个方向也不会产生任何不便。如果是由食客各自取食的话，就有必要注意使摆盘不论从哪个角度看都很精美，而且应将料理散落在各个角落以保证不用大幅度伸手去取食物。此外，摆盘时还要注意摆成搬运的时候不容易弄坏的形状。形状不规则导致难以摆盘的料理，或者凉拌菜等汤汁较多的料理，可以将它们各自放入猪口、珍味盒等以方便单独取食。

数量

在对日本料理进行摆盘的时候，用来摆盘的料理的数量，基本都是奇数的。这是由于人们受到前述的阴阳五行说的影响，认为偶数是阴数，奇数是阳数。并不只是一道菜中料理的数量，现在饭店的宴席料理的配餐数量也是，主要是五品配菜、七品配菜等的奇数，室町时代的本膳料理等也是二汤五菜或者是二汤七菜等，汤和其他料理的总数是奇数。

由此，在对刺身进行装盘的时候，刺身的总数一般也是奇数，细刺身或者是线刺身等则是一块作为一片来计算。然而，日本有忌讳词，一片在日语中和“切人”一词同音，三片在日语中和“切身”一词同音，所以即使是奇数，在原则上是避免出现的。此外，料理用语中在数鱼块等的时候，一般用一贯、二贯等进行表述。但是，就算是偶数，也有数字八这个例外，八作为表示庆祝的数字来使用。只是，观察一下现在的风潮，会感觉到人们已经不是特别在意古时的一些习俗，但是在准备冠婚葬祭等仪式料理的时候有事前确认的必要。

温度和食器

在料理当中，有热腾腾上菜的料理，与此相反，也有以凉爽为宜的料理。现如今，随着冷暖气的发达，不管是夏天还是冬天都能在一定的室温下进食，像以前一样仅以料理入口时的温度来取暖或者是降温的情况，也渐渐消失了，但是以适宜的温度提供料理仍然是能够将美味以最大限度展现出来的方法。

作为热菜的代表，可以举出边煮边吃的火锅、加热食器本身的蒸菜等例子。煮菜类的食物一般选择难以冷却的比较厚的食器，先在热水里浸泡保持温度这自不用说。有时，也可以用锅一类的食器，边加热边食用。不管是哪种料理方法，将热菜用温热的食器来装都是基本中的基本。

另一方面，如果是冷菜的话，就应让人感受到冰冷、凉爽。玻璃食器、青竹等，器皿本身的质感就能表现出凉爽的感觉，而陶瓷器则可以通过绘画的配色来展示出冰凉的感觉。可以将料理直接浸泡在冰水里，或者是放在冰箱里降温，又或者是在食器中铺上冰再进行摆盘等，需要花各种功夫。

色彩

五色的用法

近年来食材的丰富程度简直是令人大开眼界。国产食材自不用说，从其他国家也逐渐进口了许多让人耳目一新的食材。这些食材有着独特的颜色，即使在烹饪之后，也能保有其配色，可做成色彩丰富的料理。其实，日本料理本来就很重视色彩。色彩在摆盘中起着极大的作用，美感当然包括在内，和味道也有关联。下列五色在日本料理中是不可缺少的颜色。

首先是红色。有以虾为代表的甲壳类，以鲷鱼为代表的红皮的鱼类，肉质呈红色的金枪鱼、鲣鱼、魁蛤等的海鲜，牛肉等的家畜类，胡萝卜、红椒、西红柿等蔬菜类。这些都是让人觉得温暖的暖色系食材，给食客一种鲜明的印象。

接下来是黄色，同样是暖色，能促进食欲。有鸡蛋、南瓜、板栗、番薯，还有近年来出现频率增加的黄椒和西葫芦等。

第三种颜色是绿色，其代表是绿色蔬菜。大半都是有叶子的蔬菜，还有荷兰豆、豆角、豌豆、蚕豆等豆类，以及胡瓜、青椒、海藻、海苔等，例子不胜枚举。据说人在看到青青草木的时候会感觉到精神上的安定。同样，在刺身上随意添加的配菜，或是在天盛式料理顶端摆放的花椒芽，都能让人松口气，感觉安心或者安全。

下一个是白色。代表性的食材有萝卜、蔓菁、莲藕、山药、百合等根类蔬菜，白身鱼、乌贼、平贝、扇贝等鱼类。白色不管怎么说都是最能让人感到清洁和清爽的颜色。

最后是黑色。和红、黄、绿、白四色不同，黑色食材在数量上有限制，不能在摆盘中放大块的黑色食材。但是，黑色担负为着料理全体收尾的责任。色彩适宜的盒装便当中，白饭占了一半大小，在上面撒上一些黑芝麻，就能巧妙得到平衡。常见的黑色食材有海苔、海带、鹿尾菜、石耳、香菇、黑豆等，这些食材都可以说是有益健康的。

日本料理中除了摆盘的料理之外还有着“食垫”。水嫩的绿色，纯红色的枫叶，纯白的和纸等，都有着丰富料理色彩，使料理看上去更美味的作用。

天盛式收尾法

在煮菜和拌菜的摆盘中，在料理的顶端放上少量切碎或者磨碎的当季蔬菜，叫作天盛式摆盘。这种做法有两个目的和意义。第一个是为料理增添香气、色彩和季节感的实质性目的。第二个是从料理人对食客传递着“天盛式提供着不变色或者是还未干燥的新鲜料理”或“天盛式不会做容易崩坏的漫不经心的摆盘”的信息。

● **花椒芽**

花椒的新芽（幼叶）是从开春到初夏的天盛式的代表食材，其特征是有着清爽的香气和微弱的辣味、苦味。如果是温热的料理就直接将花椒芽置于其上，如果是冷菜，就用手掌轻轻敲打，使其散发出香味。

● **柚子丝（青柚子）**

从初夏到秋天，柚子充满清凉感的香气是最适合摆盘的了。剥下柚子皮，将内侧白色的绵软的部分细心削去之后，再将皮切成细丝，用冷水浸泡除去苦味。

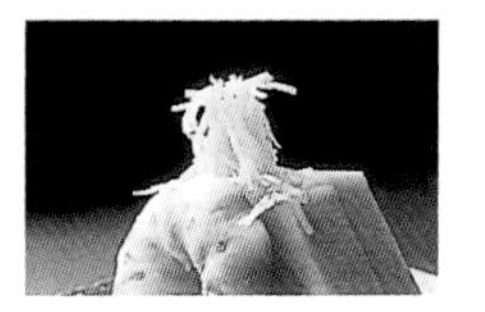

● **柚子丝（黄柚子）**

从晚秋到冬天，柚子的皮逐渐变黄，味道柔软温和，香气也让人觉得温暖。其使用方法和青柚子一样，是热菜中不可缺少的配菜。

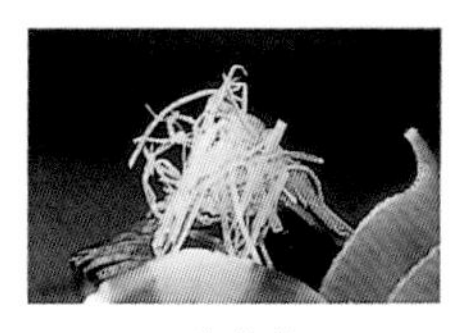

● **生姜丝**

将生姜块沿着纤维切成针状。由于姜会变色，在切了之后，要快速用冷水进行清洗之后再使用。生姜丝含有香气和松脆感。新姜的时候稍微切粗一些，品尝稍显柔和的辣味也不错。

● **生姜泥**

将生姜弄成泥之后，用筷子轻轻夹着放在料理上面。为了不让生姜的纤维冒出来，窍门就是顺着纤维的方向进行削细。

● **洗葱（青葱）**

将青葱从头部切碎，用冷水轻洗，除去强烈的辛味和黏性之后再使用。其香味浓烈，特别适合鱼和肉类。

● **葱丝（葱白）**

将葱白纵向切成针状，和青葱一样用冷水快速冲洗之后再用。用毛巾包裹进行搓洗之后，由于其形状宛如白发，被称为“白发葱”，象征长寿。

● **青芽紫苏**

青芽紫苏是指青紫苏刚发芽之后的双叶状态。一般是快速清洗之后直接使用，也可以轻轻切碎和萝卜泥一起混合使用。

● **赤芽紫苏**

赤芽紫苏是指赤紫苏刚发芽之后的双叶状态。和青芽紫苏比起来味道浓烈并且带有苦味，所以用量较少。由于其有消除气味的作用，用于生鱼料理中最为合适。

● **珊瑚菜**

由于可以用作感冒药，所以在日语中称为“防风”（防止风寒之意）。其特征是红色茎部有脆脆的食感和轻微的辣味。将数片珊瑚菜切出裂口浸泡在冷水中，会形成卷卷的形状（锚状珊瑚菜），十分有趣。可以直接生食，也可以泡在醋中之后使用。

● 野姜丝和柚子皮

将野姜纵向切碎成丝状，或者是切成圆片，都会水灵灵的，和青柚子皮组合起来能显示出清凉感。在天盛式中多直接用生野姜，也可以泡醋之后变成稍微有点红的鲜艳颜色再使用。

● 花椒芽和柚子皮

早春时节是介于冬天和春天之间的时期，花椒芽和柚子皮的搭配可以说是很适合这个时期。

● 香芹叶

天盛式并不只是局限于日本食材。香芹叶的用途也很广，其叶子的形状很好看。

● 罗勒

有着独特的强烈香味，适合与禽肉类料理及其他用油的料理搭配使用。

● 鲣鱼花结

蔬菜或干货等以海带或鲣鱼片的汤入味的料理中，基本上都可以用鲣鱼花结。其特征是不仅可以增加料理的香味还可以使口感变好。从鲣鱼片上刚取下的鲣鱼花结的香味和味道是最棒的。

● 海苔丝

将烤海苔或者烘焙海苔用菜刀切碎碎或者是用剪刀剪碎。由于海苔丝碰到水汽马上就会变软，所以不适合热菜。摆放时只需一小束，其颜色便能给料理整体一个很好的收尾。

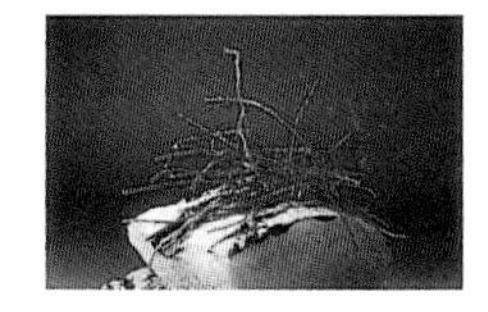

● 辣椒丝

是由红辣椒切碎之后而成。和正红色的配色相匹配的辣味，让料理也变得有张有弛。

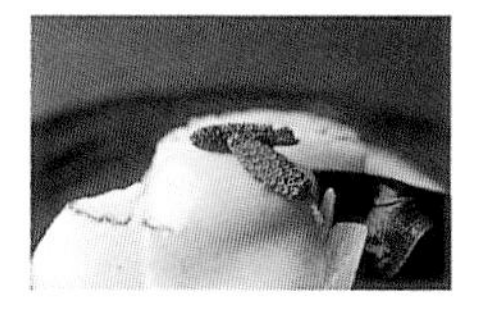

● 煎笔头草

是将煮过的笔头草烘焙之后渐渐煎去水分而成。脆脆的食感当中带有笔头草独特的风味。除了天盛式之外，还可以放在白米饭上进行食用，更显豪华。

● 煎巴旦杏

无盐的巴旦杏片有着香喷喷的味道和脆脆的口感，和芝麻、味噌、白醋等搭配都很适合。另外，松子、落花生等也有同种用法。

预摆盘

前菜

前菜在配膳式的宴席料理或者怀石料理中的位置，从食客角度看是在对面。现在日本料理中，前菜的种类一般有刺身、醋拌菜丝、拌菜、醋渍菜等。盛装这些料理的食器叫作“前菜碟”。

数倍烧小孔四角盘

● 烤海鳗鱼片

1 准备一个数倍烧四角盘，事先用冷水浸泡。冷却食器的同时能给予一种水灵灵的感觉。

2 在正中间偏右上处，放上作为配菜的黄瓜，摆成从底部扩散开的形状。竖着摆放切成薄丝的野姜，使得对面的一侧高出一块。

3 将五贯烤海鳗鱼片放在食器中央。下三贯、上两贯，以俵盛的要领来摆盘。

4 搭配的酸橘和山形鹿尾菜（仅将煮了的叶片部分摆成笔尖的形状）靠在鳗鱼上，置于靠近自己的一侧。用筷子轻轻调整柚子胡椒的形状，放在最靠近手边的位置，使得食客容易用筷子取用。

5 最后将煎腹骨放在最上方，起到延展作用。

● 带鱼海带结

吹墨木叶小菜盘

1 装在树叶形状的小菜盘中。对于横向较宽、没有深度的食器，最基本的摆盘方法是将料理放在正中央，会看上去很清爽。食器要在事先充分冷却。

2 将带鱼放在盘子正中间，以杉盛式摆放。

3 将温泉蛋的蛋黄放在带鱼左侧，摆在稍微靠手侧的位置。

4 家山药、穗紫苏竖靠着带鱼放在靠近手侧的位置，将一撮青芥末轻轻放在右侧靠手边的位置。这种情况下，看上去对侧高、靠手侧低，是最基本的摆法。

● 梅肉醋烤扇贝拌菜

● 魁蛤芥末醋味噌拌菜

※ 料理名字虽然叫拌菜，但是考虑到其外观和食感，
以下的摆盘方式会比较合适。

1 食器冷却之后进行摆放，确认不要弄错食器上花纹的方向。

2 为了充分享受食感，将带有烧痕的扇贝切成大块，放在食器正中间稍朝外侧，摆盘时注意使其稍微有些高度。

3 在靠近手侧低低地摆放些黄瓜和芋茎。

4 为了不遮掩全体的形态，将梅肉醋浇在靠近手侧的半边，将土当归放在料理的顶端。由于要将食器中所有的料理混合起来食用，要保证有充足量的梅肉醋。

1 食器先浸泡在冷水中冷却，使其看上去水灵灵的。

2 首先，将料理的一半数量放在食器的正中间。

3 将剩下部分重叠盛装，对形成的形状进行微调，使其看上去更自然。因为叠加料理之后再用筷子调整，很容易失去自然的感觉。

4 在料理顶端放三粒左右细粒点心。因为白色很醒目所以不要放太多。

黑色青海波绘碗

碗装菜指的是像日式汤或其他汤菜一样，以汤汁等液体为中心的料理，以及以煮菜或杂烩为中心的液体量较少的料理。此处的摆盘主要以后者为中心来解说。

烹饪台距客席较远时，在碗中加入预先加热的汤料进行运送，靠近房间的时候浇上汤汁，放入芳香佐料，这样便能够在不破坏料理形状的情况下提供热腾腾的美食，应逐步掌握此方法。

● 清汤煮物　葛拍赤鱼 莲饼 环形瓜 银耳 梅肉 柚子

1 将碗用热水加热，擦去水分，将花纹朝正面放置。

2 将汤料之一的葛拍赤鱼放在碗中间稍微靠外侧的位置，摆放时注意要能看到鱼身的菜刀纹。

3 将莲饼、环形瓜、白木耳放在靠近手侧的位置，靠着葛拍赤鱼摆放。为了使浇上汤汁时不破坏形状，要注意牢牢摆放。

4 用手拿着碗，用圆勺子将热汤缓慢反复地浇进去。如果一下子把汤汁浇进去，容易破坏原来的摆盘，这点要注意。

5 浇上适量的汤汁之后，将作为配料的柚子和梅肉少量放在赤鱼旁边。若梅肉放多了，会使味道产生变化，并且会变得俗气，这点需要注意。

6 注意盖子内侧的花纹方向，轻轻盖上盖子，最后在靠近手侧的位置稍微喷点水。这不仅对食客表明了这是刚完成摆盘的料理，而且也向提供服务的人员表明了哪面是碗的正面。

●清汤煮物 酒煎鲍鱼 绵豆腐 蔓菜 豆角 柚子生姜丝

轮岛朱涂浮草泥金画碗

1 将碗用热水加热，擦去水分，碗的正面朝手中心。

2 鲍鱼和绵豆腐是主料，首先将有安定感的绵豆腐放在碗正中间偏右的位置。四边形的话，不应正放，而是稍微斜放，使得棱角分明。

3 酒煎鲍鱼的形状各有不同，应牢牢靠在绵豆腐上，注意不要倒塌。最后一枚要选择特别像鲍鱼形状的那片。

4 将蔓菜放在右下方，豆角挂在鲍鱼上。蔓菜、豆角除了充当配料之外，还有防止摆盘形状被破坏的作用，起到一个支撑的作用。

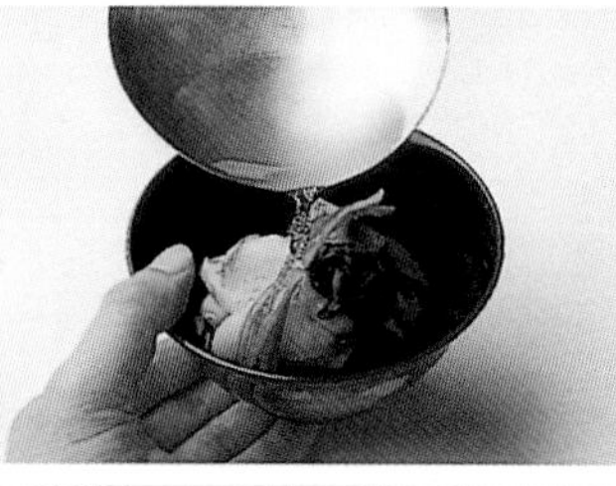

5 手拿着碗，将热汤轻轻地倒入碗中，大概放六到七成满。

6 再放作为佐料的柚子生姜丝。佐料是这种切丝的情况下，要充分注意不要让佐料变得干燥。

7 注意盖子花纹的朝向，轻轻合盖，在靠近手侧喷一点水雾。

用来做刺身的活鱼，不管怎么说新鲜程度都是很重要的。在装盘的时候不花费多余的时间，要充分做好温度管理。

青花扇形菜盘

● **鲷鱼平刀鱼片**
白萝卜丝 青紫苏
水前寺海苔 紫苏穗
青芥末 土佐酱油

1 先准备好在冰箱或者冰水中充分冷却后的食器。

2 在盘子中间偏上的位置轻轻堆放白萝卜丝。白萝卜丝是为了清口的，两口左右就够了，所以要注意分量。此外，摆放时要注意让食客用筷子能轻易夹起，以及牢牢脱去水分。

3 将青紫苏的叶子靠在白萝卜丝上，叶子前端垂直向上。青紫苏事先放在冷水中浸泡，使其变得有韧性。再放上四贯鲷鱼刺身。

4 鲷鱼片在食器中高低摆放，摆放下四上三共七贯。平刀鱼片是指在鱼块之间垂直平切，必须使鱼块末端有立体感。

5 在盘子末端摆上切成扇形的海苔，切成等长的紫苏穗，以及一撮青芥末。根据情况，也可以喷冷水水雾，如果喷得过多会有损味道，所以稍微喷一点即可。当然，搭配的小碟以及酱油等也要事先冷却。

鲷鱼平刀鱼片 高体鰤暗刀鱼片
家山药 珊瑚菜 柏树果
红白丝 青芥末 土佐酱油

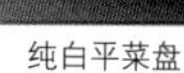

纯白平菜盘

1 准备好充分冷却的食器。

2 食器中要铺上一层冰，过段时间，冰会融化而凝结成一块，而那块冰会在圆形容器中骨碌骨碌地摇动。为了防止这种情况的出现，可以铺上一张和纸。此外，铺上纸的话，会显得冰更加洁白。

3 铺上碎冰。食器的边缘大概露出 1 厘米左右，更能感受到食器的轮廓。为了能使冰块保持的时间更持久，先将制冰机做出来的冰放到冰箱里加固之后再敲碎。

4 摆放白色的鲷鱼和高体鰤两种鱼的情况下，基本上，担任主角的是鲷鱼。将平切鱼片和鱼腹切成的鱼肉丁摆放在正中间偏上的位置。

5 由于高体鰤的辅助作用，故放在鲷鱼的右边。这被称为刺身的前置。将鲷鱼和高体鰤的角度稍微变化一下会让摆盘显得更有动感。

6 靠近手边的空余部分放上家山药、珊瑚菜、柏树果，家山药和珊瑚菜竖着摆放，显得有高低层次感。最后放上青芥末、胡萝卜和土当归的切丝，喷上冷水水雾。远侧高、近侧低，这是刺身摆盘的基本形状，即“山水式摆盘”。

金边玻璃四角盘

● 鲷鱼平刀鱼片
焯对虾
乌贼片

1 准备好冷却的容器。

2 铺上一层碎冰，由于是四角形的容器所以底部不用放和纸。在表面轻轻将碎冰弄平整，更有自然的感觉。由于想要充分展示边缘的金色，冰的量控制在容器边缘下方 1.5 厘米处。

3 放三种鱼的话，将白身的鲷鱼当作主菜，对虾和乌贼当作辅菜。如图，鲷鱼平刀鱼片放在中间偏后的位置，左手边放红色鲜艳的焯对虾。

4 乌贼片放在对虾的右侧，放在稍微靠手前的位置。辅菜呈横排一列放更能显示出动感，虾和乌贼换个位置摆放也可以。为了能看到乌贼表面漂亮的切纹，摆成稍微有点弧度的形状。

5 摆放三种鱼时，正中间有间隙，可以将紫苏穗竖着放在中央起到遮盖作用。在红色对虾的前面放上黑色的石耳，使得整体更紧凑。

6 摆上青芥末和黄瓜。由于玻璃容器里铺着冰，对于白色乌贼的印象会变得薄弱不突出，用绿色的紫苏穗、黄瓜、青芥末等包围起来的话更能显示出分明的形状。完成之后少量喷上冷水的水雾。

烤物是继碗装菜、刺身之后最主要的菜式。提供时，有一人份摆盘和多人份摆盘，不管哪种都显得很豪华。

● 幽庵烤带鱼 白瓜干 蛇笼莲藕 石耳拌芥末

1 准备好加热后的食器。烤物的食器基本都是温热的，但是配菜大半都是冷的，所以食器稍微带点热度就可以了。

2 在食器的正中间稍微靠后的位置摆放幽庵烤带鱼。鱼块的基本摆法是将腹侧放在手边一侧。如图，薄薄的带鱼片弯曲着，以“对折烤串”的形式烤制而成。由于烤制的形状是呈方形的，摆盘是就不选择正放，而是稍微向右上方倾斜，有些变化会更好。

3 在配菜中，有汁的石耳拌芥末难以直接摆放，可以放在一种叫作“坪坪”的小型坪状容器中，为了方便左手拿，放在靠左手的位置。

4 在面向自己的一侧，摆放卷着白瓜干和毛豆的蛇笼莲藕。最后放上作为装饰的枫叶点缀。

● 盐烤鲇鱼 甜醋生姜 甜煮番薯 蓼醋

以下是两条鱼的摆放方法，而鲇鱼刚烤好的时候最好吃，所以可以先将一条鱼加上甜醋生姜、番薯等提供给客人，等吃完一条鱼之后再上第二条鱼。

1 准备好温热的横长形器皿，通称为“鲇皿”。

2 两条鱼为一人份。先将一条鱼放在容器中间偏左的位置，头摆放在左侧，腹部靠近手的一侧。如果是河鱼的话，也有头靠右、背部靠手侧的摆放方法。而考虑到食客大部分惯用右手，第一种摆法，能使客人在第一口就品尝到作为鲇鱼特征的腹部的苦味。

3 调整第二条鱼的摆放角度，使其和第一条鱼有交集。抬高尾巴的部分，呈现出充满元气跳动的鱼的样子。将甜醋生姜竖着靠在鱼上，右端摆放着甜煮番薯，用青蓼增添色彩。

● 盐烤鲇鱼 甜醋生姜 甜煮番薯 蓼醋

1 因为想要显示出刚钓上来的鲇鱼被围作的样子，准备了竹编的容器。除了竹笼，在焙烙皿上铺上烧过的石头，可以保温。

2 为了向食客强调是烤制而成的，可在食器底部放上小型的耐热容器，将烧红的炭放于其中，上面放上茶叶，展示出冒烟的样子。

3 在内部放上网，铺上竹叶，将烤好的盐烤鲇鱼自然摆放进去。在这期间，鲇鱼温度可能会下降，要充分注意。之后，还要用青竹的筷子，分装在温热的分装盘里。

锖十草绘深碗

汤汁较少的烤物，基本都摆放在一种叫作烤物皿的平坦的食器中。有时候放在巨大有深度的钵类容器中也会显得很有趣，也属于一种选择。但是，当摆放有汤水的炖菜时，选择有深度的容器就成了必要的条件。从保温的层面来看，带盖的汤碗或者是木制的碗是最好的，而在提供多人份料理的情况下，充分加热的钵类也是很好的选择。如果是夏天，提供冷的煮物的时候，用玻璃制的容器等也是很有趣的。

● 烤鳗鱼葫芦卷 烧痕家山药 干香菇 裙带菜 荷兰豆 山椒芽

1 准备好温热的汤碗。

2 形状分明、有安定感的烤鳗鱼葫芦卷和烧痕家山药，作为支撑物摆在中间偏后的位置。将切口富有特征的烤鳗鱼葫芦卷进行叠加摆放，使得切口能很好地展示。烧痕家山药则稍微偏左上斜放，既有安定感，也有变化。

3 在靠近手的一侧放香菇和裙带菜，位置稍微比之前的两样菜品低一些。此时，若直接放入香菇的话，这个料理中的素材就都成了圆形，所以将香菇切成一半，使其在形状上有些变化。裙带菜等形状不规则的料理则用筷子前端稍微进行调整，使得形状不容易崩坏。

4 在靠近手的一侧竖着叠加摆放几个荷兰豆。将荷兰豆摆成含苞待放的模样。将少量葫芦卷的汤汁浇在底部，再将花椒芽放在料理顶端。

印笼鳗
豆腐皮 豆角
花椒芽 生姜

金兰手丸纹绘深碗

1 准备好温热的食器。

2 将2段印笼鳗重叠放在食器正中间偏内侧，作为支撑物显示出高度。鱼块是段状的，按照基本的摆放方法，将腹侧靠近身前一侧，朝左上方斜着摆放。

3 将豆腐皮卷成圆形摆放在靠近鳗鱼腹部的位置。由于豆腐皮在饱含汤汁的时候比较美味，所以要注意不要将汤汁沥干了。

4 在靠近自己的一侧摆放豆角，浇上汤汁，若浇的是印笼鳗的汤汁，味道会更加浓厚，要注意不要让好不容易煮淡的豆腐皮染上太浓的味道。可以将少量的鳗鱼汁和豆腐皮、豆角的汤汁混合使用。

5 最后将生姜丝和山椒芽混合放在顶端。使用芥末泥、生姜泥、切段的野姜等也可以。

炸物

瓔珞纹绘深碗

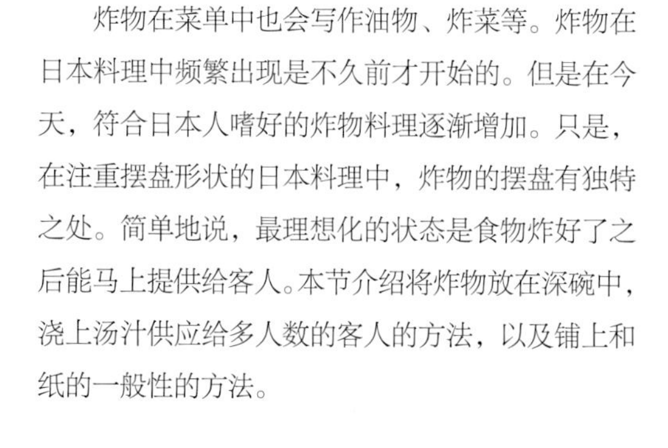

炸物在菜单中也会写作油物、炸菜等。炸物在日本料理中频繁出现是不久前才开始的。但是在今天，符合日本人嗜好的炸物料理逐渐增加。只是，在注重摆盘形状的日本料理中，炸物的摆盘有独特之处。简单地说，最理想化的状态是食物炸好了之后能马上提供给客人。本节介绍将炸物放在深碗中，浇上汤汁供应给多人数的客人的方法，以及铺上和纸的一般性的方法。

● 茄子和豆腐的煎汤 青辣椒 葱花 萝卜泥 干鲣鱼丝

1 和煮物一样，要先准备好温热的深碗。

2 将两块炸茄子放在正中间偏后的位置，错开重叠摆放。

3 在左边靠近手的一侧的位置，叠放两块炸豆腐，制造出接下来摆放青辣椒的空间。

4 将青辣椒竖着靠在靠近手的一侧的位置。

5 将汤汁倒入碗中，没过底部即可，放入萝卜泥和葱花，最后将干鲣鱼丝轻轻撒在顶部。由于鲣鱼丝碰到水汽会马上变软，所以必须要在做完后马上上菜。

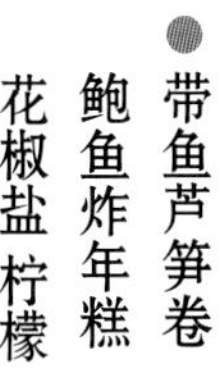

●带鱼芦笋卷 鲍鱼炸年糕 花椒盐 柠檬

黑三丸纹长方皿

1 摆放的容器保持常温即可。

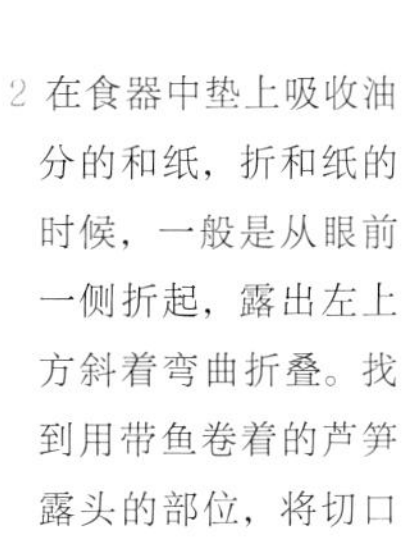

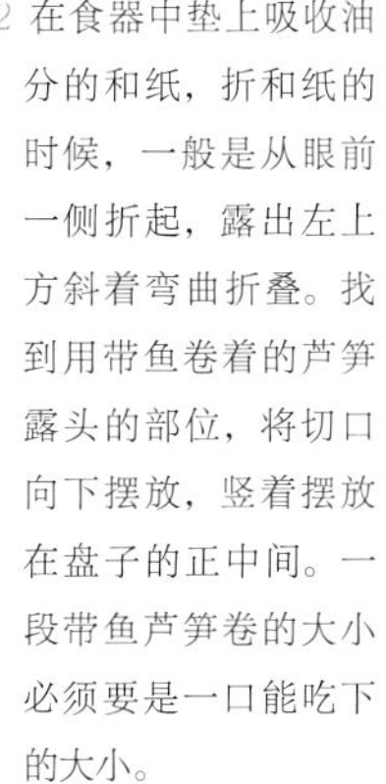

2 在食器中垫上吸收油分的和纸，折和纸的时候，一般是从眼前一侧折起，露出左上方斜着弯曲折叠。找到用带鱼卷着的芦笋露头的部位，将切口向下摆放，竖着摆放在盘子的正中间。一段带鱼芦笋卷的大小必须要是一口能吃下的大小。

3 陆续摆放几个带鱼芦笋卷，但是注意不要重叠。如果重叠的话，材料中含有的水分和油分就会流到摆在下面的炸物上了。

4 将鲍鱼炸年糕添放在左侧。为了方便右手拿用，将柠檬放在右侧，撒上花椒盐。就算还有多余的料理的话，也不要继续摆放，等食器中的料理完食，再接着装新的料理。此外，和纸中渗透了油分、水分的时候，需要赶快进行替换。

炊饭

黑色小圆碗

米饭在日本料理中承担着为料理收尾的重要作用。在盛放米饭时，不刻意弄平整，而是随意地装盛，这点很重要。新鲜刚出锅的米饭最好吃，色泽鲜艳、柔软饱满的米粒格外美味。条件允许的话应以房间或一组客人为单位，向客人展示用烧饭锅或土锅做成的刚出锅的米饭。

豆饭

1 准备好温热的黑漆碗。只要是茶饭碗就可以，但如果是装白米饭或者盐味米饭的话，用黑漆碗装更能起到映衬作用。

2 将烧饭锅中烧好的饭给客人看过之后，用勺子慢慢上下翻动，将在上方的豆子混入米饭中，同时除去水汽，这样米饭会变得松软，变成适合食用的温度。

3 首先，第一勺先将想装盛的量的70%装在碗里。

4 然后，第二勺再将剩下的30%装入碗中。勺子的使用不能过于缓慢，绝对不能按压米饭表面。盛入米饭之后，轻轻地调整一下表面。

5 一碗饭的饭量如图所示。饭量根据食客本身各有不同，但是绝对不要装过多的米饭。从第二碗开始可根据食客的意向调整分量。

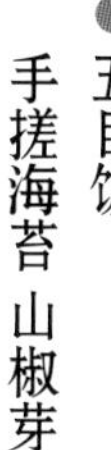

五目饭

手搓海苔 山椒芽

麦秆十草碗

1 准备好温热的茶饭碗。

2 配料很多的什锦饭，由于刚煮好时大半的配料都在上半部分，需要上下搅动，使得配料布满全体。此时，如果随意用勺子翻动的话，不仅会使得配料的形状被破坏，动作也不优美，所以需要注意。

3 和豆饭一样，最初只装想装分量的70%，接下来再装30%。

4 撒少量带香味的手搓海苔，但是如果量过多的话，会破坏整体的配色，味道本身也会发生变化，所以一撮左右是最合适的。最后撒上花椒芽。根据季节不同，搭配柚子、生姜等也是很好吃的。

三岛轮花皿

和米饭一起食用的腌菜，给米饭增添了适度的盐味、酱油味，起到了提味的作用。此外，品尝完腌菜后残留在口腔的清爽口感，也是不可或缺的。除了在布菜盘中提供适量的腌菜之外，直接大量装在大钵中进行提供，也是米饭爱好者们最喜欢的服务方式。

● 腌茄子、黄瓜 碎壬生菜

1 准备好冷却后的盘子。一般要放两种或三种腌菜，所以最好是三寸左右的盘子。

2 在用于摆盘的腌菜中，将形状最大的腌茄子段放在正中间偏后的位置。

3 在靠近身体的一侧右方斜着摆放切黄瓜，左侧放拧干水分的觉弥风的壬生菜，撒上煎胡麻，完成摆盘。

黄濑户铜锣钵

用大钵上腌菜包含着“再来一点怎么样”的意思。对于喜欢吃腌菜的人来说是再好不过的了。在分装盘中出现过的腌菜种类自不必说，如果有添加新的腌菜就更好了。和分装盘中的腌菜虽然种类相同，但是在切法上面下功夫进行变换，也是不错的选择。

● 腌茄子 黄瓜 醋渍红蔓菁 腌萝卜 碎壬生菜 醋渍生姜 盐海带

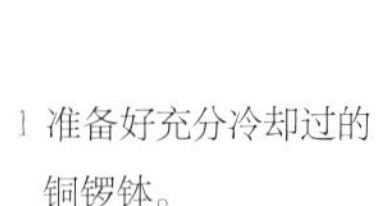

1 准备好充分冷却过的铜锣钵。

2 将和分装一样的茄子摆在左侧靠内的位置，叠加摆放，显示出高度。变化大小和切法，随意摆放。

3 黄瓜切成厚厚的圆片，用俵盛的方式装盛。摆盘的基本是外侧高，靠近身体的一侧低，宛如“山”字的形状。

4 将颜色亮眼的红蔓菁放在食器中间，将腌萝卜放在中央偏右的位置。

5 将切碎的壬生菜、盐海带、醋渍生姜等少量的腌菜低低地放在靠近手侧的位置。
这种情况下，通常根据个人喜好由客人自行分装，如何便于拿取而不容易破坏形状显得十分重要。公筷使用青竹材质，给人一种清新的感觉。

八寸

之前也提到过，八寸是一个很特殊的名称。在怀石料理中，有一种以动物为食材的料理和一种以植物为食材的料理，共计两种料理。用于盛装这两种料理的食器是用杉白木做的八寸四角的盆状容器，这便是“八寸”的由来。

宴席料理中也有同样以“八寸”为名的料理。这里的八寸对于料理数量和材料没有限制，充分利用应季的食材，考虑到味道的变化、色彩等制作而成，然后在酒席中途作为酒肴组合上菜。使用的食器也没有绝对的规定。

● 八寸

针鱼、菊花、三叶草拌地肤子
鲍鱼味噌
鳗鱼冻
鸡松风
唐墨玉子
咸鲑鱼子
烤银鲳鱼
烤乌贼
甜煮对虾
栗子土佐煮
炸生麸
鲷鱼菊花寿司
松叶
荞麦面
生姜

溜涂丸形盛器
织部草文马上杯（中左）
六角十草绘猪口（中右）

准备好食器。摆盘面积很大，特别是黑色的漆器，即使是稍微有点脏都会特别显眼，所以要注意擦得特别干净。图中食器的边缘没有接头，如果圆形容器有接头的话，按规定要放在身前中央的位置。

1 将含有水分较多的拌地肤子和咸鲑鱼子两种料理放在酒盅或珍味盒等小型容器中。

2 将用到的容器放在想象的位置上。从边缘空出1.5厘米左右的空间，会显得摆盘有空间上的余裕，让人觉得很清爽。

3 为了假想这些食器摆放的位置，可以用萝卜来代替。

4 摆上能直接摆放的料理。基本上以从外侧到内侧的顺序进行摆放。首先将比较高的、形状具有稳定性的鳗鱼冻和鸡松风放在外侧。

5 虽然没有规定，但可以把鲍鱼等的高级材料以及红色醒目的虾放在正中间保持整体的平衡。

6 在靠近身侧的空白部分分别放上烤银鲳鱼、鲷鱼菊花寿司、栗子土佐煮和烤乌贼，摆放时注意各种料理间留有一定空间。

7 为了更加衬托出季节感，可以一边考虑料理的配色，一边撒上松叶、银杏叶和枫叶等。

8 最后再放上另外装好的拌地肤子和咸鲑鱼子。从食客的角度看，摆放整体是外侧高，越靠近身体一侧变得越低。

别的版本的摆盘

该例子是将同样的料理放在菊花形的菜盘中。在食器整体的摆盘面积上，由于会有过分拥挤的感觉，全体配合上一个大的托盘，就会衍生出空间感。

灰釉瓷酒杯（左上）
五方青花猪口（右上）
粟田磁椭圆形菊雕皿（下）

● 点心食盒

松茸焯菊菜
伊达鸡蛋卷
幽庵烤秋鲑鱼
花藕
小芋头、酱炸粟麸
烧痕栗蜜煮
干海参炸熟糯米粉
珠芽松叶
酒煮对虾
鳗鱼卷
番薯栂尾煮
煮南瓜
荷兰豆
红叶麸
萩饭
鰤鱼棒寿司
生姜

大德寺食盒是仿照京都大德寺的什器制成的，切去四方的角而形成八角形，并且搭配有盒盖。大德寺食盒是边长约为七寸，深度约为两寸的容器。以大德寺食盒装盛的大德寺食盒便当广为人知。所谓点心本来就不是正餐，只是起到暂时的果腹作用，算是一种简餐，在今天也可以说是简略化的宴席料理。

轮岛溜涂大德寺食盒
赤乐壶口珍味盒（中）

1 将食盒的接缝摆放在对面一侧。

2 将水分较多的松茸焯菊菜放入壶状的珍味盒中，在盛装之前要大致规划好整体布局，所以可以先用空的容器来摆放以追求平衡。

3 将草包形的萩饭放在外侧靠左的位置，叠高摆放，右侧摆放鲕鱼棒寿司。在边缘处留出1.5厘米左右的空隙,向内侧盛装，以便能够留白。

4 正中间靠左的位置放上伊达鸡蛋卷，由于其形态和大小均和鲕鱼棒寿司相似，要在装盘的角度上有所变化。幽庵烤秋鲑鱼放在中间稍靠外侧的位置，靠在米饭类的料理上，既能显现出鲑鱼的形状，配色也很合适。但是，有可能会使米饭染上味道，所以要夹一片叶兰在中间，既防止串味，又增添了一抹绿色。

5 正中间偏右的位置，放上酱炸粟麸和红叶麸。再叠加上圆圆的、没有安定感的酱烤芋头，既能凸显出形状，也可以增添安定感。正中间放上红色的酒煮对虾和白色的花莲藕，整体就变得华丽起来。此外，为了方便用右手夹取盛装起来的松茸焯菊菜，将其放在靠近左手的位置。

6 鳗鱼卷是圆形的，和装焯菜的容器是同样的形状，所以不将它们并列摆放，而是将鳗鱼卷放在对面的右边。手前中央空着的部分放上煮南瓜、番薯梅尾煮、烧痕栗蜜煮，将一把荷兰豆竖着靠在料理上。剩下的空间里，放上干海参炸熟糯米粉和珠芽松叶，能更加凸显出全体的高低差。尽管所有的料理看上去都没有间隙地挤在一起，但是各自又有适当的留白。理想状态的摆盘就是不会让人感觉到不舒畅。

白木曲轮便当

第一层（上层）

小芋头、白木耳
豆角加芝麻酱
三文鱼卷
酒盗煮对虾 鳕鱼汤叶卷
味噌烤鱼
煮虾芋 小仓莲藕
甜煮鸡丸 甜煮干香菇
花百合根 荷兰豆 柚子

第二层（下层）

海胆鸡蛋卷
鲇鱼香鱼子卷 鸡肝煮生姜
鲭棒寿司 菊花芜菁
生姜 醋腌生姜

单说便当的话，有名的松花堂便当或者是大德寺便当等，都是在料理店或者作为外卖向家人提供简单的食物，也有装盛生食或含汤汁的料理的情况。但是，在这里介绍的木盒便当是在一些活动或者是赏花的时候携带的料理，以在野外食用为目的，摆盘时需要满足三个条件：便于搬运（汤汁不会洒出来、形状不容易崩坏）、卫生（常温也不容易腐烂）、冷了也好吃。使食客打开便当盖子的瞬间，自然地说出“好看”“看上去很好吃”等语言，也是摆盘时应该考虑的因素。

白木曲轮便当
万历花鸟绘珍味盒（第一层中）

白木盒便当的准备工作

白木制的食器，如果干燥的话会吸收料理的水分，但是事先弄得太湿的话又会加快食物的腐烂。即使确认了没有污渍，也要用结实拧干的毛巾将全体稍微弄湿，再喷上食物用的酒精喷雾，做好事前准备。如图例，由于是白木的曲轮便当，将接缝处放于眼前。

< 第一层 >

1 小芋头、白木耳、豆角加芝麻酱是不能直接进行摆盘的。要准备好珍味盒，事先在边缘找一个摆放的位置。

2 摆盘的顺序从外侧向手的一侧摆放，一个一个沿着边缘摆放，以防在搬运的时候松散开来。
和八寸或点心食盒的摆盘一样，虾的红色能起到映衬作用所以将其放在最中间。

3 在食器中央宽阔的地方，放上味噌烤鱼、虾炖芋、花百合根等形状稍微大一点的食材，整体就会比较灵活。虾芋和百合根比较容易变形所以放在中央的位置。此外，因为想表现花百合根的美丽形状，并为了和虾组成红白组合，所以将其放在靠近虾的位置。

4 在眼前的空隙部分放上三文鱼卷和甜煮干香菇。用青色的荷兰豆和有香味的柚子皮填满空隙。因为有必要牢牢地盖上盖子，所以整体的摆盘需要比边缘稍微低一点。

< 第二层 >

1 和第一层一样将接缝处放在眼前的位置。从外侧开始放海胆鸡蛋卷、鲇鱼香鱼子卷、鸡肝煮生姜，为了接下来方便放一列鲭棒寿司，将这些料理靠近手的一侧的位置尽量摆成一条线。

2 将夹着菊花的鲭棒寿司切成适当大小，一个一个地朝左上方向斜放，这样一来每个的形状都分明，摆盘的时候也会出现变化。此外，和之前摆放的料理之间隔着一叶兰，可以防止串味，增添色彩。

3 先前的棒寿司是在收尾时夹菊花的，为了使色彩产生变化所以这次就摆放活用了鲭鱼腹部的银色的棒寿司。

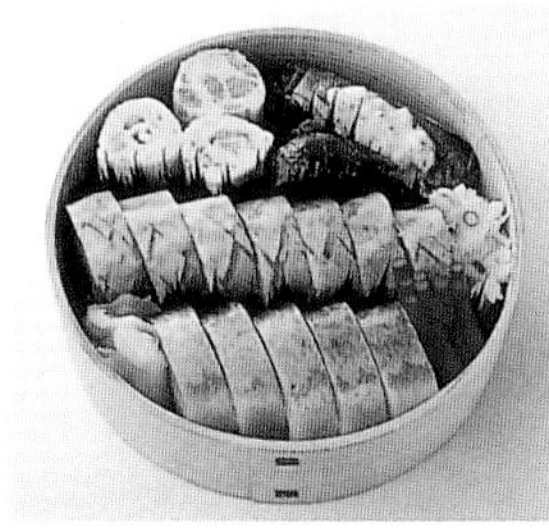

4 左右空余的部分塞上小瓣的菊花芜菁、生姜、醋腌生姜，使得搬运的时候不容易崩坏。全体和第一层一样，装的比边缘稍微低一点，这样重叠的时候就不会被第一层的底压到，也不会破坏原有形状。

料理与食器

思考、制作料理时，一般要考虑各种各样的条件之后再来进行选择食器选择，比如制作完成的料理的状态，也就是季节感如何，是热还是冷，汤汁是多还是少，全体的大小和分量如何安排，料理的配色如何，是否要将食器拿在手中进食……选择食器不仅仅是简单地挑选容器，而要考虑到如何让料理看上去更美味，更精致。

● 鲷鱼清汤 土当归葱丝 山椒芽

轮岛涂黑内霞云绘汤碗

这是一道热腾腾的汤汁料理。用筷子分别品尝鲷鱼、土当归、葱丝，边喝热汤边品味料理，这种品尝方法自然而然地决定了食器的条件。首先，要求热汤的温度不容易下降，为了能够边吃带骨头的鲷鱼边喝汤，这就要求最起码是必须能用手拿着的食器。木胎漆碗是最合适的容器，首先，由于其保温性很好，不管是汤料还是汤汁都可以趁热品味。并且，温度难以下降也就意味着食器本身的温度难以上升，这类食器可以直接用手拿，不必担心被烫伤。此外，因为带骨的鲷鱼要放在碗中间，所以容量大的煮物碗也可以说是最合适的。

即使汤汁很多，摆盘的基本原则也是靠近对侧稍高，靠近手的一侧稍低。鲷鱼作为整个摆盘的中心，放在中间稍靠对侧的位置。图中，将胸鳍的部分象征性地向上竖起，将手侧长方形的土当归灵活摆放，使其能移动。将土当归重叠摆放，鲷鱼竖着摆放，大致已经完成了，但是倒入汤汁时或者是搬运的时候会有破坏其摆盘形状的可能。最后，将葱丝和花椒芽混合轻轻放在左侧，马上盖上盖子提供给客人食用。

朱漆樱绘煮物碗

● 嫩笋汤 山椒芽

这是一道将裙带菜和笋这两样代表春天的食材组合而成的“季节限定”的汤。由于正是春光绚烂之际，便选用了朱漆樱绘碗。汤料选择了象征着春天的食材，所以食器也相应地选择纯色的红或者黑等简单的配色比较好。

将一块笋作为具有安定感的支撑物放在中间偏对侧的位置，将另一块竖着靠在上面，象征着竹子蓬勃生长。在靠近手侧的位置，放上颜色鲜艳、口感柔软的煮裙带菜。倒入热热的汤汁，将山椒芽放在上端，马上盖上盖子提供给客人。

轮花青花芙蓉手皿

使用和多汁料理相同的食材，加以浓厚的调味，使得这道菜即使不喝汤也能品尝到浓郁的味道，由于汤汁少，可使用不能盛装过多汤汁的食器。淡煮鲷鱼是在清汤鲷鱼的基础上，加入少量的味醂和淡酱油。由于淡煮鲷鱼是味道比较清淡的煮物，在摆盘时，可以不用保温性能好的带盖碗。图中的食器，稍微有些深度，即使有少量的汤汁也不会流得到处都是。当然，为了盛装热菜，要提前将食器放在热水中浸泡加热。

● 淡煮鲷鱼
葱白 山椒芽

虽然用来摆盘的部分是比较大的盘类，由于是温热的料理，需要在正中间摆盘，使其外表美观。对侧稍高、手侧偏低这个基本原则还是不变。食器正中间偏对侧的位置放上作为主材料的鲷鱼鱼翅和鱼目，将其组合调整摆放，稍微显示出一些高度。将葱白靠在鲷鱼上放于手侧，摆放时使其隆起。浇上少量的汤汁，将带有香味的山椒芽置于顶部。山椒芽在汤汁较多的情况下，会将香味渗透到汤汁中，所以一点点就够了；但是在汤汁较少的情况下，需要放置充分的量，从而保证食用时有足够的香味。

本次摆盘使用了青花瓷器盘，使用保温性强的陶器或者是数倍烧中有一定厚度的皿类也可以。另外，盛装煮物用中央部分宽的大型碗也适用。

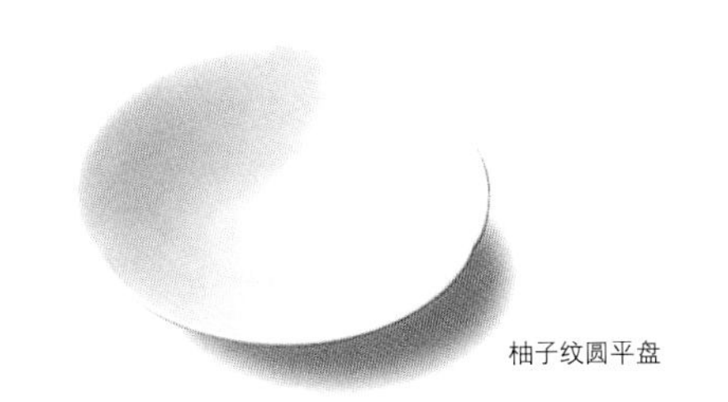

柚子纹圆平盘

这道菜选择了稍微有些深度，直径约七寸大小的大型盘子当作摆盘的食器。由于是温热的料理，配色方面可能会感觉不太合适，但是因为能够表现出初春的水灵灵的感觉，所以还是尝试使用了这个盘子。

● 煮嫩笋
款冬 蕨菜 山椒芽

这道菜汤汁不多，需要添加更多的款冬和蕨菜，也需要从横向扩展开来，所以尝试了一下体现竹笋蓬勃气势的摆盘。为了表现竹笋茁壮成长的样子，将一根竹笋放在正中间向上立着，在左前方，依次摆放蕨菜、裙带菜和款冬，并压低它们的位置。由于食器很宽，摆盘时难以呈现高度，所以和一般的摆盘方法不同，在此不将山椒芽放在料理顶端，而是将其随意撒在料理之中。

一器多用

前面提到过，为了表现出日本料理的调味和季节感，需要用到各种各样的食器，这是日本料理的特征之一。然而，将固定的料理放入固定的容器中的做法并没有很强的实用性，其他食器登场的机会也会减少。尝试一下那样的容器怎么样，用这个摆盘怎么样……怀着好奇心，一边大胆尝试，一边享受摆盘，如果能做到这样的话，料理本身也会变得更加有趣吧。

志野四角凹陷小菜盘

青花舟形中盘

在志野小菜盘中摆入“柿饼三丝”（将萝卜、胡萝卜及柿饼切成细丝拌在一起而成）和“生鲅鱼寿司”。虽然二者都是切丝，但是形状不同。柿饼三丝是具有五色的颜色鲜艳的料理。也许是受了鼠志野食器的纹理的影响，让人觉得特别沉稳和安定。由于是切丝的蔬菜类，摆盘时运用杉盛式，再将浓香的煎胡麻放在料理顶端。

一方面，生鲅鱼寿司也是同样带醋味的料理，由于食器本身的朴素配色，更加增添了一层深度。由于食器开口狭小，鲅鱼块需要切的小一些，摆盘时也要与黄瓜、家山药适当交互叠加摆放。将生姜泥以天盛式摆放，既能显现出料理的高度，又能展现出和食器之间的留白。

尝试用别的食器摆放“柿饼三丝”和“生鲅鱼寿司”，在此处选用青花小菜盘。这个食器底部宽大，素胚为白色，食器本身自带通透明亮的感觉，自然地对料理的配色形成特写。柿饼三丝和摆在有深度的小餐盘里的时候一样，以杉盛式摆放。不仅要注意从上面看时的视线，也要注意从斜面或从横面看的时候的形状，一定要均匀地分布五色。而生鲅鱼寿司要注意摆放成能清楚地看见菜刀切口的角度，将黄瓜和家山药放在眼前一侧，之后，放上珊瑚菜，倒入生姜醋。

● 柿饼三丝

● 生鲅鱼寿司

朱漆大德寺盆
三方名振黄伊罗保猪口

盛放八寸

在朱漆的盆（盘）中摆放组合了多种菜肴的八寸。水分较多的芥末醋味噌放在另外准备的大号瓷酒杯中，摆于朱漆盘的左侧靠外的位置，方便左手拿放。正中间偏右侧的位置放上烤平贝山椒芽，在右边横放用青竹串起的对虾、味噌鸡蛋、黄瓜。在靠近手侧的位置，放置比较小型的，需要用筷子多次夹取的日本银鱼煮，添加油菜以增添色彩。右手边放置蚕豆烤年糕。料理的数量和食器相比较之下，就会生出充分的留白。由于空间足够，可以广泛地、宽裕地装盛。

盛放烧烤物八寸

接下来介绍在同样的食器中摆放烧烤物和八寸两种料理的组合。这个组合方法是最近频繁使用的。提供烧烤物的时候，用几道酒肴进行搭配，可以说是增添整个套餐的豪华感的有效方法。

在涂漆食器上直接摆放刚烤好的料理的话，会有变色的危险性，所以只将烧烤物放在陶制的舟形器皿中，放在正中间，朝右上斜着摆放。白色的食器和朱红的盘子形成对比，使得整体节奏有张弛感，能够突出烧烤物。和先前的八寸一样，将笋、蕨菜的新芽搅拌而成的料理放在左手容易拿的位置，也就是放在盘子外侧偏左的位置。将炸远山鲍鱼以能看到切口的角度摆放在手前，将煮鲷鱼子搭配豌豆放在靠近左手前侧的位置。在料理全体撒上让人联想到春天的花瓣状的生姜，并在装烧烤物的器皿上添上几瓣樱花。

● 八寸
- 平贝山椒芽烧
- 魁蛤、小葱芥末醋味噌
- 煎山菜
- 银鱼煮
- 油菜
- 对虾、味噌鸡蛋、黄瓜青竹串
- 蚕豆烤年糕

御本三岛雕舟形长盘

● 烧烤物八寸
- 甘鲷翁烧
- 花瓣生姜
- 竹笋
- 蕨菜拌山椒芽
- 炸远山鲍鱼
- 煮鲷鱼子
- 豌豆

盛放烧烤物

这个朱涂的食器，是仿造倒酒的大酒盅制成的。本次将喜事用的鲷鱼的头尾，摆成了筏状盛盘。首先，如果直接放在食器上面的话，鱼骨可能会刮伤表面。常用手段是先铺上一层和纸以防止刮伤，因为此处想要凸显出食器明亮的朱红色，所以选用了叶子较大的“大王松”进行铺垫。将盐烤而成筏状的鲷鱼头尾放在正中间稍微靠外侧的位置，并以头尾向上翘的姿势摆放。中间骨头的部分摆上酱烧海胆和撒了胡麻的利久烧，交互摆放，摆放出一定的高度。在靠近内侧的左右两边分别放上烤花蛤和捏成圆形的赤饭团，在最靠前的位置放上醋泡莲藕。全体摆成“对面高、前面低”的山水式摆盘。由于这是在客人之间互相传递的料理，所以尽量避免分量不足的情况出现。料理的分量大约如图所示。如果超过这个分量，边缘的留白就会被破坏，整体就会变得很无聊和庸俗。

● **烧烤物**

盐烤筏状鲷鱼

烤花蛤

红豆饭

醋渍莲藕

盛放点心

明亮的朱红色很适合表现春天这个主题，所以尝试着摆放了两人份的春日点心。和摆放烧烤物时一样，注意不要盛得过满。由于食器是酒盅形的，摆盘主要集中于底部，将汤汁较多的芹菜芦笋拌土当归放在专用的猪口杯中，再摆放于朱漆食器的正中间。在外侧摆放鳟鱼山椒芽味噌烧和玉子烧，将玉子烧叠加摆放显示出一定的高度。在手前左侧，以甜煮对虾为中心进行摆放，将樱煮章鱼、樱生麸放在旁边，在手前右侧，将竹香鲷鱼寿司重叠摆放。加以樱花枝，使得料理整体显得更加华丽。食器较小的情况下，很难在摆盘上进行变化，而使用这种大的食器时，尝试在各个板块显示出不同的高低差，会使摆盘整体产生意想不到的变化，并且也会留下适度的余白。

御本手丸猪口

● **点心**

竹香鲷鱼寿司

玉子烧

甜煮对虾

樱煮章鱼

樱生麸

鳟鱼山椒芽味噌烧

芹菜芦笋拌土当归

盛放烧烤物

将伊势虾对半切开，和生海胆组合，淋上黄油酱油，烤至半熟状态，并将其摆在白瓷深钵里。钵类食器一般用来装煮物或者拌菜等汤汁较多的料理。有时候，上述的摆盘方法也能大胆地表现出有活力的伊势虾。由于此类食器有一定的深度，摆盘时，可以一边在周围留下一点余白，一边重叠摆放，形成一定的高度。

● 伊势虾二见烧

盛放煮物

将染成酱油色的章鱼须和白瓷深钵进行组合，两种颜色的碰撞形成了一种简洁感。此料理并不像伊势虾那样的鲜艳、豪华，却也十分有存在感，仿佛能飘来甜辣味的章鱼的清香。不必事先将章鱼须切碎，因为章鱼很柔软，可以直接用牙齿咬断。并且也不用加配菜，仅将生姜丝放在料理顶端即可。

不只是章鱼，将竹笋、萝卜、芋头等根菜类切成大块煮熟，不加配菜，只是摆成天盛式，想必也很有趣吧。

● 煮章鱼
生姜丝

盛拼盘

唐津风松绘钵

这道菜肴是四种春天的蔬菜野菜的组合。盛在大盘中是以多数人食用为前提，所以弄明白每个人的分量以及如何保持形状到最后也不崩坏，是非常重要的。如图，全体摆放得比较松散，如果竹笋摆放不好的话，可能会导致整体的形状被破坏而显得非常难看，所以要结合整体形状来进行重叠摆放。摆放款冬和土当归也是一样的要领。但若三种料理都是相同的模式则显得死板，为了让料理整体显得生动，可将一根土当归和裙带菜竖着摆放，或可将一些山椒芽以天盛式进行摆放，也可以以 2 至 3 枚为一组散落摆放，这样的变化也会很有趣。此外，浇的高汤也有自身的香气和味道，所以少量就可以了。

盛炸物

在前面的“尝试摆盘”一章中，说到了炸物这种类别的料理，不用努力去盛装摆盘，而是以炸好的顺序进行上菜，虽然通常都是如此，但是有时候也需要用大盘来进行提供。

这种情况下，首先，为了吸去多余的油分，将和纸重叠铺在盘子上。然后，避开将料理叠得像小山的一样的盛法。将刚炸好的料理叠成两层或三层的话，中间那层就会因为不透气而产生粘连，这道料理也就称不上好吃了。由此，一个盘子中盛装数量以照片中的数量为限，最好多准备几个盘子。用竹帘或者网来替代吸油的和纸，也会产生不一样的风情。

● 春日蔬菜组合
竹笋 款冬 蕨菜 土当归 山椒芽

● 油炸鸡块
炸款冬花茎 酸橘 甜盐

前面尝试了用一种食器来盛装两种料理，接下来尝试将一种料理摆放在两种食器中。基本的做法和『一器多用』一致，不要被某种料理就要搭配某种食器的思维禁锢，而是发挥自由想象，进行食器的选择。然而，虽说是自由选择，但也不能有损料理的美味。

萩烧七宝小孔小菜碟
志野涡形圆猪口杯（手前）

黑椭圆盆
青花菱形小菜碟（右）
黄釉猪口杯（中）
唐津小孔筒形碟

将鲷鱼松皮刺身和金枪鱼刺身摆放在萩烧七宝小孔小菜碟中。由于食器底部比较狭小，摆成比较自然的形状。鲷鱼和金枪鱼比起来，一般是以白色的鲷鱼为主材，放在正中间的位置。下面放三贯，上面叠加放两贯，并在靠左手侧放两贯金枪鱼。

在靠近身体一侧的中央，竖着摆放一株紫苏穗，边上放上柏树果，并将芥末摆放在右手用筷子容易夹到的地方。通常，刺身都是用这种摆盘手法。

接下来，同样是对鲷鱼松皮刺身和金枪鱼刺身进行摆盘，稍微变化一下氛围，将鲷鱼和金枪鱼分别放在不同的容器里，然后并列摆在盘里作为一道料理。鲷鱼摆放在筒形的陶器小碟中，先铺满碎冰再进行摆放，显示出一定的高度。

另一方面，将金枪鱼放在青花小碟中，只搭配青芥末进行摆盘。如果有三种刺身的话，就用和之前不同的食器，用三种小型食器也很有趣，或者用两种大型食器、一种小型食器来进行摆盘，也不失食器组合的乐趣。

● 鲷鱼松皮刺身 金枪鱼刺身

紫苏穗
柏树果
青芥末
土佐酱油

松菜
水前寺海苔
土生姜
青芥末
土佐酱油

白瓷丸纹半开扇形小碟
赤绘魁丸猪口杯（右）

仁清磁团子绘小圆盘

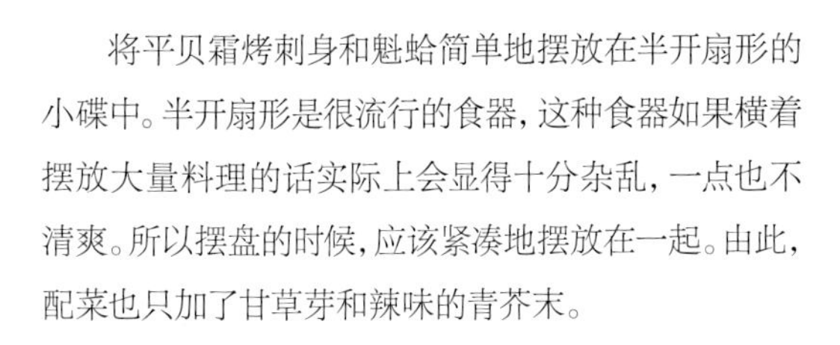

将平贝霜烤刺身和魁蛤简单地摆放在半开扇形的小碟中。半开扇形是很流行的食器，这种食器如果横着摆放大量料理的话实际上会显得十分杂乱，一点也不清爽。所以摆盘的时候，应该紧凑地摆放在一起。由此，配菜也只加了甘草芽和辣味的青芥末。

这种食器和半开扇形的食器无论从材质上还是形状上都不相同，于是在此尝试了类似于沙拉的摆盘方式。当然可以使用青芥末加上酱油，但此处想要使用加了油的生姜酱油沙拉汁，混合之后食用，所以选择了稍微大一些的平盘。配菜也选择了两三种蔬菜，摆盘尝试了和以往的刺身都不同的感觉。

● 平贝霜烤刺身 魁蛤

甘草芽
青芥末
淡酱油

甘草芽
青鸡冠菜
青芥末
生姜酱油沙拉汁

最早的时候所有的庆典或者节日的料理都称作“御节料理”，其中特别重视正月的御节料理。现在，套盒料理和杂煮一样，成为正月料理的中心。本来，套盒料理是为了在迎接新年的时候，供奉给年神供其与人类一同食用的家庭料理，近年来被各家料理店争相贩卖，料理的内容也产生了变化。

不管怎么说都是为了表示庆贺的料理，需要将多种料理精美地摆放在一起，其中就蕴含了几个必须遵守的法则。虽然不同地域或者家庭会稍微有些不同，但是一般第一层都会摆放象征子孙繁衍的青鱼子，象征健康的黑豆，祈祷五谷丰收的海蜒，象征强壮的牛蒡等庆祝节日的菜肴。第二层一般会摆放拌菜或者凉菜，第三层摆放烧烤物，第四层摆放煮物等。

不管是哪一层的摆盘，将材料切成适合食盒高度的大小是很重要的。切的时候有必要注意大小的标准。

富贵泥金画食盒

然而，近年来，伴随着几代同堂的大家族数量的减少以及饮食习惯的变化，开始形成了只有两三层甚至只有一层食盒的简化版本。本节介绍摆放方法是：第一层摆放含有庆祝意思的料理及烧烤物的组合，第二层摆放拌菜和煮物的组合。

第一层

葡萄豆
切萵笋
厚鸡蛋卷
拍牛蒡
海蜒
二见蒸鲍
酒煮对虾
卷干鱼子
甘鲷月环
干青鱼涂鲣鱼粉
金团
银鲳鱼西京烧
醋拌生姜
鹌鹑甲州烧
乌贼海胆烧
芥末莲藕
鲭鱼幽庵烧
红白相生结
鳗鱼八幡烧

- 庆祝菜肴
  卷干鱼子
  二见蒸鲍
  酒煮对虾
  干青鱼子涂鲣鱼粉
  甘鲷月环
  厚鸡蛋卷
  金团
  海蜒
  拍牛蒡
  葡萄豆
  切莴笋

- 烧烤物
  银鲳鱼西京烧
  鲭鱼幽庵烧
  乌贼海胆烧
  鳗鱼八幡烧
  鹌鹑甲州烧
  芥末莲藕
  醋拌生姜
  红白相生结

1 此处用叶兰将第一层横着分成两部分，靠近手侧装烧烤物，靠外侧的那部分装含有庆祝寓意的菜肴。第一层的料理都没有什么水分，所以不会因为汤汁而损坏了味道，也不会导致串味，所以尝试了这个组合。首先，由于葡萄豆形状较小，没有什么存在感，而且表面有褶皱，导致外表看上去也不好看，所以将其放在青竹容器中，摆放在左上角的位置。如果摆放在靠近中心的位置，由于黑色比较显眼，就会失去料理的华丽感，因而显得很朴素，所以还是摆放在左上角最为合适。

2 接下来，因为甘鲷月环的切口是圆形的，考虑到和青竹形状相撞，所以选择放在右上角的位置，远离青竹。由于其颜色是黄色的，所以同样颜色的厚鸡蛋卷也要避免放在一起。

3 和八寸相同，颜色鲜艳的对虾或者是高级食材放在正中间的位置，使其充满存在感。干青鱼子涂鲣鱼粉放在右下角的位置，拍牛蒡、海蜒、卷干鱼子等小型的食材就集中放在下面。考虑到金团比较容易摆放和拿取，可以集中放在小小的茶巾上面。

1 烧烤物和庆祝菜肴比起来比较大,配色和形状上的变化比较少。首先，将按照鱼块本身形状烧烤而成的银鲳鱼西京烧和鲭鱼幽庵烧固定在两端。

2 在空余的部分可以摆放其他食材，将富有特色的鳗鱼八幡烧的切口展示出来，并且露出鹌鹑甲州烧表面的干葡萄和松子。

3 摆将彩色的乌贼海胆烧和形状奇特的芥末莲藕放在正中间。放上红色的醋拌生姜、家山药和胡萝卜的相生结，为料理增添色彩。庆祝菜肴和烧烤物都要考虑套盒的大小进行摆放，塞得过满的话，就没有高低差和小的空隙，整齐划一反而给人一种很沉闷的印象。应稍微变化一下角度，摆盘时注意留出适当空隙。

第二层

第二层

五色胡麻拌菜丝
南蛮风渍颌须鮈
生姜煮石耳
醋渍莲藕
生鲅鱼寿司
生鲷鱼寿司
红白饼花
比目鱼白海带卷
腌泡三文鱼
山椒芽针鱼
鳗鱼葫芦干卷
油菜
伊势虾煮油菜
鲱鱼海带卷
新笋土佐煮
甜煮香菇
荷兰豆
甜煮慈菇芽
琵琶鱼肝生姜煮
煮章鱼
胡萝卜香梅煮

● 醋渍拌菜

生鲅鱼寿司
生鲷鱼寿司
比目鱼白海带卷
山椒芽针鱼
腌泡三文鱼
南蛮风渍颌须鮈
五色芝麻拌菜丝
醋渍莲藕
生姜煮石耳
红白饼花

● 煮物

甜煮香菇
新笋土佐煮
甜煮慈菇芽
胡萝卜香梅煮
鳗鱼葫芦干卷
鲱鱼海带卷
鮟鱇鱼肝生姜煮
煮章鱼
伊势虾煮油菜
荷兰豆
油菜

1 和第一层一样将食盒对半分成两半，靠外侧放入一些醋渍拌菜。首先，将不能直接放入食盒的五色胡麻拌菜丝放入柚子形的容器中。但是，拌菜随着时间流逝分量会缩小，所以需要稍微多装一点。放在套盒左上方，容易用手拿取。

2 生鲷鱼寿司和生鲅鱼寿司的切口方向都是一样的，所以摆盘时稍微改变一下排列的角度，就会产生不一样的感觉。鲷鱼鱼身是白色的，颜色也很漂亮，被视作高级材料，所以放在正中间的位置。

3 比目鱼白海带卷选择能看到其特色切口的角度摆放。放在生寿司和山椒芽针鱼的中间，由于形状不同，使得整体有张弛。

4 在靠近身侧摆放南蛮风渍颌须鮈、醋渍莲藕、腌泡三文鱼、生姜煮石耳，摆盘时以交叉摆放为要领。

1 前述的拌菜是以并列方式摆盘的，所以煮物就不以聚集的方式摆盘，而是散落着摆盘，以制造出一些变化。

2 鳗鱼葫芦干卷摆盘时注意将切口露出，由于其和比目鱼白海带卷形状相似，可以稍微隔开一些距离，放在靠近左手侧的位置。将伊势虾煮油菜横放。为了使大家明白这是伊势虾，摆上具有象征性的红色虾尾。

3 摆盘时注意不要让酱油色的料理重叠摆放。表现出绿色蔬菜的新鲜很重要。将蔬菜放在醒目的地方。

拌菜和煮物共通的一点就是含有很多水分，摆盘前，需要先除去水分，可以根据具体料理选择用纸巾或布巾擦去水分。

对于套盒的印象多数都是在正月里使用，很少作为日常使用的容器，而是放在仓库中或者食器棚中。此外，食盒，或者说是食盒便当，一般被认为只是拿来装便当的。本书中，尝试不用食盒的盖子，而只用盒子的部分当作食器来盛装料理。此外，如果用了保温性较强的带盖食盒的话，也可以用于温热料理的外带服务当中。

泥金画入角套盒

盛放烧烤物

通常，涂漆的套盒是不能直接用来装热的烧烤物的，但由于想要有些不同的乐趣，在食器选择上也可以有些变化。由于直接在涂漆部分摆放料理的话会导致变色，所以铺上了杉白木的餐垫。杉树不仅香味好闻，保温效果也值得期待。而白木则是能体现出一种自然的感觉。由于有三种料理，各自聚集摆放，除了周围留出余白之外，不要整齐划一地摆放，而是要能让人一眼就明白鱼块的数量，各组之间留些空隙。将楤木嫩芽和生姜的数量相核对。为了不划伤套盒的内壁，不仅可以使用餐垫，使用陶瓷器的小碟，朴树或者柏树的叶子，或者竹皮等，改变花样也很有趣。

- **烧烤物**
  鲭鱼幽庵烧
  银鲳鱼西京烧
  甘鲷盐烧
  楤木嫩芽
  生姜

盛刺身

赤口朱涂盛器

在外涂朱漆、内涂黑漆的圆形食盒中，放入带有头尾的木叶鲽形的刺身。黑色的食器将料理映衬得分外鲜明，阴阳分明，成了一大特点。将木叶鲽换成鲷鱼，就可以作为节日料理；将刺身放入鲍鱼或者贝类的壳中，就完成了一道色彩艳丽、豪华的多人份刺身。

● 木叶鲽形刺身
白萝卜丝
青紫苏
红白丝
赤芽紫苏
青芥末
土佐酱油

盛放醋拌菜

春庆涂大德寺食盒
南蛮高台珍味盒（右上）
志野草文绘隅入小皿（右下）
志野风梳痕深底杯（左上）
青白瓷一方订线珍味盒（左下）

以大德寺食盒作为托盘来盛装醋拌菜。当然，不会直接放入食盒中，而是放入小钵或者猪口杯中，将四人份的料理以不同的器皿来盛装。日本料理中，每个人所用的食器各不相同，也会被称之为是一种风情或情趣。根据不同时期，为了使料理保持冰凉，可以在食盒中铺入碎冰，盛装醋拌菜，也可以配以季节性的树叶或者花朵，来增加季节感和丰富色彩。

● 蛤、魁蛤、鲍鱼的三杯醋冻

西式餐盘摆盘法

随着材料及烹饪方法的多样化，以及食客味觉的变化，用西式餐盘装料理也开始变得常见。然而，并不是所有的日本料理都适合装在西式餐盘中的。食器本身所具有的特征，在摆盘时会发挥重要的作用，首先要理解这一点。烧烤物和炸物都能在摆盘时适应西式餐盘的变化，所以此处尝试了两种烧烤物的摆盘。

白色方形变形皿

白色圆形变形皿

料理名虽然是鱼排，此处摆盘使用了照烧鰤鱼和白萝卜组合而成的“鰤鱼萝卜”的烧烤物。

摆盘技巧和使用日本的烧物盘几乎没有差别。在日本料理中，将配菜放在靠近手侧是基本常识，但是，由于此处的萝卜不是用筷子就能轻易夹起的大小，所以为了不让作为主材料的鰤鱼失去存在感，将萝卜放在靠近餐盘外侧的位置。在使用摆盘面积较大的容器时，将萝卜切成圆片，可以强调萝卜本身的特征。由于此处使用了盘子状的西式餐盘，可以采取切圆片的方式。对鱼块进行摆盘的时候，将鱼腹侧朝向手前，鱼皮部分向上。图中，由于鱼块是斜着切的，摆成皮朝外侧、身子向上横放的状态，会比较合适。

● **鰤鱼鱼排**
烤萝卜
山椒汁
葱丝

由于鱼块很柔软，可以直接用筷子食用，而鲍鱼即使柔软也很难用筷子切分开来，所以事先将鲍鱼切成合适的大小，用两三块切片进行摆盘。浇上汤汁，显示出可以说是日本料理特点的高度，将炸裙带菜和芦笋竖着靠在鲍鱼上，点缀上葱丝。如果想要强调鲍鱼的形状或者大小的话，可以按照鲍鱼原来的形状直接摆盘，用刀叉进行食用，也不失乐趣，这也可以作为今后提供日本料理的一种方法来参考。

● **鲍鱼排**
炸裙带菜
芦笋
黄油酱油汁
葱丝

很多国家的料理中都有热菜和冷菜。在饭桌上边煮边吃热腾腾的火锅，以及品味刚从冰水中取出来的冷得让人闭眼的冷菜，是一种独特的感性。想要珍视这种感性的话，并不只是在意温度上的冷或者热就够了，还必须注意适度的数量以及上菜的时机。

用土锅盛

饴釉怀石小锅
黄伊罗保圆陶炉

这道料理一般用煮物碗或者是羹物碗来装盛以提供给客人，此处用了一人份的土锅来装，并且采取了用陶炉这种可以一边加热一边享用的形式来提供。在寒冷的冬季，热气腾腾的料理再好不过，但是即使加热了碗，将料理充分加热，也难以在很多人的情况下保证料理的温度。使用陶炉不仅可以解决这个问题，而且还可以给人耳目一新的感觉。食客可以享受自己分装的乐趣，这给料理也格外增添了一种味道。

- 烤甘鲷
  蔓菁
  竹笋
  烤葱白
  油菜
  山椒芽

用铜锅盛

树叶形铜锅
黄伊罗保圆柱形陶炉

在日本料理中，提供肉类的时候，一般都会将加热烹饪而成的料理切成一口大小，再装盘提供给食客。但是，在切的时候，肉汁溢出，鲜味就会减半。在构思肉类料理的时候，直接上生肉，让食客享受一部分烹饪过程，也是一个很好的选择。图中展示了将一人份的陶炉和铜锅组合，边煮牛肉火锅，边根据喜好自行调理的乐趣。提供生肉的话，还可以让客人看出肉质的好坏，从而成为一个卖点。

- 牛肉火锅
  烤生麸
  葱白
  山椒粉

黑釉方形陶炉

小刀片圆形陶炉

在日本中，有在寒冷时期“围着锅炉”的说法，锅类料理是温热料理的代表，作为一品料理，安排在宴席料理之中，不仅可以吸引视线，还添加了若干趣味。

此处介绍的蔬菜锅，是将新鲜卷心菜的柔软的叶子和巨大的圆萝卜的切片，铺在底座的陶炉上作为锅的替代品而成的一种料理。

不管以上哪种，将食料由生煮熟的话，容量和热量都很难确保，所以最好只用已经加热完成的材料，汤汁则用葛根粉等具有浓度的。使用炭火，可以慢火加热料理。

卷心菜和萝卜，都是在生的时候比较坚硬，难以贴合底部铺的网的形状，所以有必要稍微煮一下使其变得柔软。但是，如果煮得太软的话，用筷子轻轻一碰就会形成一个洞，所以煮的时候要注意把握度。

此外，还可以用朴树叶子、柿树叶子等比较大型的叶子作为锅的代替品。

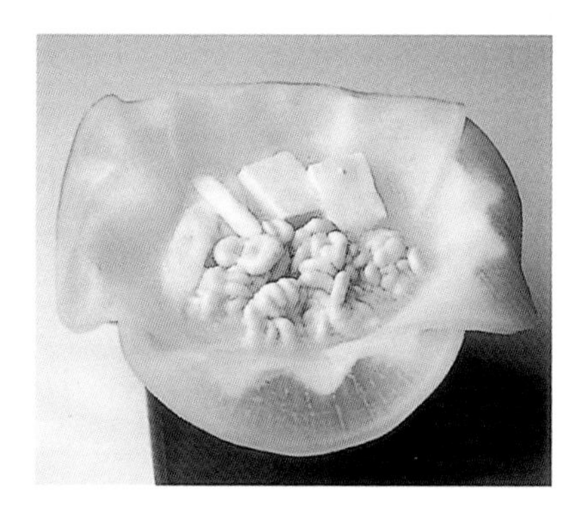

● 雪锅

● 鸭锅

用冰使料理看上去更冷

织部小孔六角钵
吹墨螺形珍味盒

在织部六角形钵中，铺上碎冰，摆上三种刺身，尝试制造出凉爽的感觉。在使用白色食器以外的其他食器时，用到冰的话，可以在食器底部铺一张和纸，能够更加映衬出冰的洁白。此处因为摆盘的刺身和食器中间有充分的余白，所以将盛有淡酱油的猪口杯放入，使其也能保持冰凉。

- 比目鱼
  蜜汁肝
  对虾
  青紫苏
  甘草
  石耳
  青芥末
  淡酱油

用气球冰显得更凉快

银质八角形盘

在银盘中铺上碎冰，摆放三种刺身。刺身下最好摆放一层冰，用冰的话，看起来更有清凉的感觉。如图所示，若将玻璃罩中的水稍微冻成薄冰，对半切开再盖上，则显得很有风情，也有一些玩趣。由于是薄冰，可以用筷子在眼前的位置戳开一个小口，从小口夹取食物，这也能成为这道料理有趣的地方。

- 鲷鱼
  赤贝
  乌贼
  白萝卜丝
  胡萝卜卷丝
  锚状珊瑚菜
  石耳
  青芥末
  土佐酱油

十二个月的珍馐集锦

黑托盘

所谓珍馐，如字面意思所示，是用稀少的食材制作而成的佳肴。以前，主要是用来搭配用米制造出的甜味日本酒，主要指用盐制造出的盐渍水产食品等。现在酒的种类变多了，食材也变得多样化，“珍馐”开始指代量少味美的食物。用来盛装这些料理的食器被称为“珍味盒”，最早是由装香料的“香盒”转化而来的。一月的宝珠、三月的人偶形、四月的樱绘、九月的兔形、十月的菊花形，都是以有独立的盒身和盖子为基本形状；而二月的山茶绘、五月的菖蒲形、六月的海螺形、七月的团扇形、十一月的红叶形等，则是表现季节的形状或者配有花纹的猪口杯或豆盘等，这类食器能够放较多的料理，称为珍味盘。日本料理中，将食器放在手上，用筷子夹取食用是一种基本的方式。充分使用各种食器，可以进行组合，使摆盘富有变化从而更添趣味。

● 一月 酱腌干青鱼子

仁清磁源氏陀螺宝珠形珍味盒

● 二月 甜肝拌萝卜泥

乾山写山茶绘珍味盒

● 三月 海参肠

万历锦绘人偶形珍味盒

● 四月 盐蒸海胆

白瓷圆形樱绘珍味盒

五月 ● 酱腌鲷鱼子

菖蒲形珍味盒

六月 ● 鲍肝

吹墨海螺形珍味盒

七月 ● 盐渍香鱼子

仁清瓷团扇形露草绘盘

八月 ● 盐渍乌贼

九谷方形珍味盒

九月 ● 盐渍虾

仁清瓷兔子珍味盒

十月 ● 酱腌鲑鱼子

赤卷菊置上珍味盒

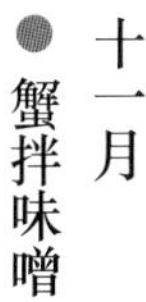

十一月 ● 蟹拌味噌

仁清瓷红叶绘珍味盒

十二月 ● 蜜煮黑豆

赤乐壶形珍味盒

酒器

盛装料理的食器有各种各样的材质、形状和大小，而酒器也有很多种类。日本料理中，有以将酒味放大数倍为目的的酒菜佳肴。不管哪种，都有着独特的、强烈的味道或者香气，所以不能提供过多的量。因此，用小型猪口杯、深底杯、酒盅等作为容器来装，显得更加清爽。

盛放菜肴

黑四方盆
赤土小皿（右上）
朱涂珍味盒（右下）
青花山水绘圆猪口杯（中）
仁清瓷一笔刷毛杯（左下）
蕨菜波绘引酒盅（左上）

酒器本来的作用是倒酒、装酒。但是，酒器有各种各样的素材、配色、大小和形状等，尝试着组合一下，会有意想不到的趣味。在此，用了三种不同配色的朱酒盅和两种陶瓷器，以及一种涂黑漆的八寸盆。根据不同时期，可以使用各种玻璃酒器、青竹酒器等。此外，虽然不是酒器，也可以使用各种贝壳或者餐垫来组合，使整个摆盘更富有变化。在此，以酒肴为例，比如，将五种刺身放在五种容器当中，这和以往的基本原则不一致，但是有时也不失为是一个好主意。

● **酱腌鲑鱼子**
笋拌山椒芽
干鱼子萝卜
针鱼海带
焚香一夜干鲽鱼

每月料理摆盘

一月

正月宴会料理

①赤卷菱形寿字珍味盒
②黄濑户一方押珍味盒
③黑漆羽毛毽板盘
④土酒盅
⑤朱漆渔网圆盘
⑥黑盖里带飞翔鹤绘碗
⑦粟田瓷椭圆形鹿药绘猪口小菜盘
⑧麦秆十草绘清汤碗
⑨饴釉长方形盖锅
⑩饴釉信乐鳖锅
⑪复合涂漆井形台
⑫高山寺绘树叶形小碟
⑬白刷毛纹深钵

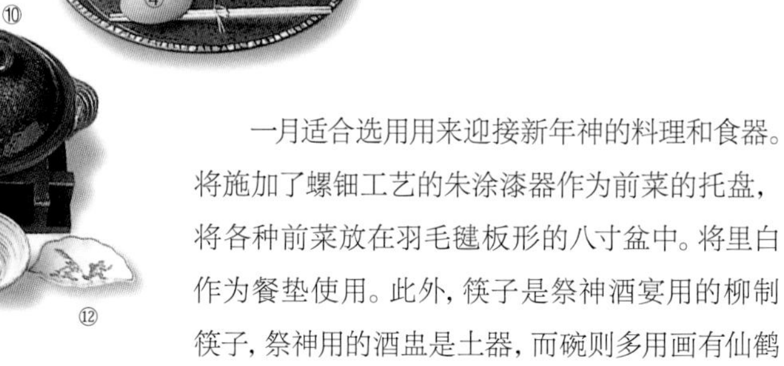

一月适合选用用来迎接新年神的料理和食器。将施加了螺钿工艺的朱涂漆器作为前菜的托盘，将各种前菜放在羽毛毽板形的八寸盆中。将里白作为餐垫使用。此外，筷子是祭神酒宴用的柳制筷子，祭神用的酒盅是土器，而碗则多用画有仙鹤的泥金画煮物碗。诸如此类，本节使用了许多表现正月或者喜事的食器。烧烤物放在保温性良好的带盖箱形食器中。蒸物放在厚土锅中，铺上那智黑石加热后提供给食客食用。

● 前菜
拌海参
醋蟹、芽甘草、二杯醋
博多比目鱼
针鱼黄身寿司
真薯虾 干鱼子
千枚蔓菁柚子卷
叩牛蒡 海蜒
海带、黑豆
松叶刺、梅煮胡萝卜
酱腌莴笋、厚鸡蛋卷
慈菇仙贝

● 煮物 清汤煮物
鹌鹑丸
蔓菁
烤年糕
嫩油菜
胡萝卜
干海参
柚子

- 刺身
  焯鬼鲉
  鱼皮
  香葱肝
  珊瑚菜
  橙汁

- 汤
  鳖汤
  生姜
  嫩葱

- 烧烤物
  银鲳鱼西京烧
  莲藕炸年糕
  盐烤家山药
  炸款冬花茎
  酸橘

- 蒸物 柚香蒸
  伊势虾
  六线鱼 生海胆
  鲍鱼 菜花
  裙带菜 生姜

- 主食
  香箱饭
  清香腌菜

二月

源于节气的点心

①复合涂漆大德寺食盒
②青瓷猪口杯

本节展示的是将宴席料理装在大德寺食盒中而成的点心便当。在便当中，用一个食器装所有的料理，或者使用两三个食器分装，都能让食客一次性注意到所有的料理，所以需要注意摆盘的高低和色彩搭配。并且，也不能忘记用筷子容易夹取、摆盘形状不容易崩坏等基本要求。

源于节气的撒豆用的大豆（日本有立春前夕撒豆驱邪的习俗），冠以神鬼之名的料理，以及最近被固称为惠方卷的寿司等，摆盘时都要注意能够一眼就明白这些料理是什么。要用带刺柊树叶当食垫，据说是因为古时人们认为鬼怪畏惧此物。

- 甜煮什锦大豆
  姜煮沙丁鱼
  六线鱼山椒芽烧
  甜煮贝壳
  甜煮对虾
  鱼糕 清炸胡桃
  阿多福百合根
  高野豆腐松肉
  荷兰豆
  稻荷寿司
  细卷寿司 生姜

三月

女儿节宴席

①青花樱川绘小碟
②青瓷圆形猪口杯
③黑花筏绘汤碗
④仁清瓷霞形云锦绘小碟
⑤灰釉小碟
⑥乐两切小碟
⑦白瓷璎珞纹深碗
⑧黑小圆碗

三月当说女儿节宴席，是源于桃花节、人偶节的宴席料理。现在将这个节日定为三月三日，最早其实是定在三月最初的巳日，所以叫作上巳节（上是最初，巳是十二地支的巳的意思）。

提供这种料理时，将烧烤物和酒肴组合而成的八寸，放在一个食器当中，让种类很少的套餐显得更有分量。用樱绘的小碟装前菜，用来装汤和刺身的食器则选择画有樱花和红叶的，突显出春天的气息。料理考虑到平安时期贵族之间流行的“赛贝壳”游戏（分成左右两组，分别拿出同样种类的贝壳，比较优劣的游戏），选择使用了虾夷盘扇贝和花蛤。

＊前文解说“贝壳食器”时，曾提到过“赛贝壳”的游戏，在此想到这种历史悠久的游戏，并在料理中展现。

● 前菜
炙烤扇贝
温泉蛋
香葱
鱼子酱
炸土豆
甜醋

● 汤
酒煎花蛤
芝麻豆腐
油菜
山椒芽

● 刺身
鲷鱼刺身
家山药
土当归卷丝
青芥末
淡酱油

● 烧烤物八寸
味噌幽庵烧竹笋
甘鲷白酒烧
酱烤款冬花茎
炸蚕豆
拌白鱼子
鳗鱼烧
樱花家山药
金柑鲑鱼子
花瓣百合根

● 主食
竹笋饭
咸酱汤
清香腌菜

● 煮物
鸡蛋鲷鱼子
甜炖新牛蒡
山椒芽

四月

赏花点心

画线柳樱绘套盒

最近，说到赏花，大家就会想到在鲜花盛开的樱花树下铺上野餐垫，边吃烤肉边赏花的情景，而不是好好地鉴赏花本身的风情和香味，这点是非常可惜的。日本有四季，日本人用自己的皮肤、耳朵、眼睛感受着四季自然的变化，并将其融入自己的生活中。本节中，在画有垂樱漆绘的二层套盒中放入了充满春日气息的点心制成的便当。如果能让食客感受到传统赏花的氛围，那就再好不过了。

第一层装着酒肴。所谓便当，制成“什么都有，什么都是一点点”，重点是要用各种各样的烹饪手法准备了数量众多的料理。本节的便当盒从这一根本出发，组合了数十种料理。摆盘时注意在食盒周围留些余白，让全体料理靠在一起。最理想的摆盘是，各种料理的形状和颜色都清晰可见，也有适当的高低差。

第二层的摆盘则要改变方式，规规矩矩地并列、叠加。寿司类的料理不管形状还是大小都基本相同，所以基本都是搭配起来以俵盛式的方式摆放。摆放寿司卷时注意将切口方向露出，摆放整齐；用樱叶包裹的寿司则稍微留出些空隙，使得摆盘整体留出适当的空间。

● 第一层
鰆鱼西京烧
扇贝烤山椒芽
白鱼子烧
粉鲣鱼南蛮烧
甜煮鲷鱼子
竹笋土佐煮
樱煮章鱼
白煮小芋头
甜煮款冬
百合根红白金团
荚果蕨
花瓣百合根
楤芽

● 第二层
樱叶包寿司
手卷寿司
细卷寿司
花瓣生姜
生姜

五月

端午节宴席

①轮岛溜涂台盆
②灰釉椭圆形小盘
③黑水车泥金画汤碗
④仁清瓷轮花荒矶绘小碗
⑤黄濑户圆形猪口杯
⑥御本手枫绘小茶碗
⑦白色御本环形绘手提钵
⑧两手铜制小锅
⑨八角陶炉
⑩萩风圆碟
⑪伊罗保葵盘
⑫御本手舟形盘
⑬轮岛溜涂片木纹方碗

粽子、柏饼等是具有代表性的端午节食物。在食材方面，包括具有代表性的有鲤鱼、鲷鱼、鲣鱼等表示成长或者祝贺的食材，此外，还有菖蒲、艾草等餐垫也很有代表性。

前菜中，将祈福消灾的艾草和粽子进行摆盘，以三个为一组竖着摆在一起，形状鲜明易懂。汤则装在黑色水车泥金画的汤碗中，将刺身摆放在波浪纹的小碟中，再摆放上形似菖蒲的土当归。这些料理将端午节表现得淋漓尽致。将春天当季的鳟鱼山椒芽烧，不加任何配菜，以简单的怀石风摆放，给人耳目一新的感觉。煮物则选择了用小锅装盛的牛肉火锅，容量大且可以让客人也参与烹饪。炸物既可以单独提供，可以作为配饭吃的小菜来提供。

● 前菜
粽寿司
甜煮鲍鱼
山椒芽冻

● 汤 清汤底
酒蒸甘鲷
豆角
土当归
山椒芽

● 刺身

鲣鱼刺身
黑鲪鱼刺身
野姜丝
锚形珊瑚菜
菖蒲土当归
青芥末 土生姜
土佐酱油

● 饭食

煮蛤蒸饭

● 烧烤物

河鳟鱼山椒芽烧

● 煮物

涮牛肉
牛排肉
青葱
蛋黄泥醋

● 炸物

干贝炸海胆
炸豌豆
柠檬
甜盐

● 主食

芦笋饭
蛤蜊红酱汤
清香腌菜

六月

水无月的松花堂便当

①溜涂松花堂食盒
②吉字吹墨四方盘
③茄子色秃角四角形猪口杯
④赤绘四角小盘
⑤菱形纹玻璃轮花盘
⑥黑水车绘煮物碗

松花堂便当的四格中并没有规定一定要装什么，但是从烹饪手法的角度来考虑的话，生鱼片、烧烤物、煮物、饭、汤等大概是基本的东西。然而，本节中，前菜使用了以三角形来表现冰块的胡麻豆腐，更加增加了高级感。也有将刺身另外装盛，在空余的地方摆放上炸物的方法。而在冬天寒冷的时候，作为汤的替代品，盛装汤汁较多的热腾腾的蒸物提供给食客也是不错的方法。

以松花堂便当和大德寺便当为代表的便当类料理，都是以将所有的料理一次性盛装、一起提供为前提条件的，所以不适合花费太多时间的或者是形状不牢固的摆盘。

● 前菜

水无月胡麻豆腐

生海胆

黑豆

青芥末

淡酱油

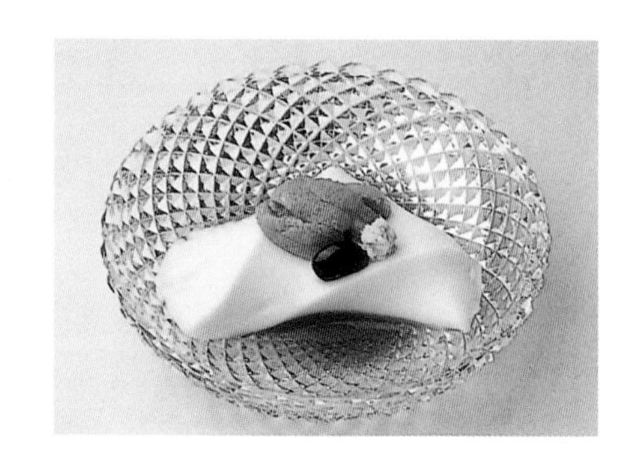

● 刺身
鲷鱼刺身
炸对虾刺身
锚形珊瑚菜
水前寺海带
青芥末
土佐酱油

● 烧烤物 八寸
厚玉子烧
刺鲳鱼幽庵烧
甜煮大口大马哈鱼
炸河虾
鳗鱼沙拉
醋渍生姜
青辣椒
丸十、莲饼青竹刺

● 煮物
甜煮夏鸭
煮南瓜
甜煮芋茎
菠菜
生姜丝
山椒芽

● 饭食
杂鱼米饭
清香腌菜

● 汤 清汤底
鳗鱼
生香菇
番杏
柚子

七月

七夕清凉派对料理

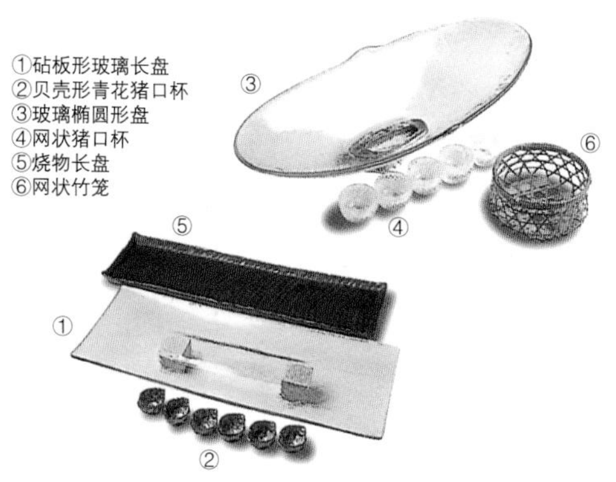

传统的日本料理中并没有派对用的装盘方法。与其说是没有装盘方法，不如说没有在大桌上放多人份的料理，供各自分食的食用方式。但是，近年来，在日本各地采取站着吃饭的派对数量也在增加。在这种情况下，需要趁热提供的汤汁较多的料理，或者是天妇罗、炸串等炸物，不管怎么说都比较适合以从手中直接递给客人的小摊。然而，和西洋料理或者中国料理一样，在派对上用大盘盛装料理的情况还是主流，所以在此介绍这种场合下摆盘时的基本原则。

首先，大盘中一般盛放常温或者是低温的料理，而摆放时，采取并列成一排的方式，这样一来，即使拿走一部分，剩下的也不会有剩菜的感觉。叠成两层或者三层的话，形状比较容易崩坏，食客面对这种情况也会犹豫是否食用，从而导致料理有剩余。尽可能地摆在大盘子中，但不用一个盘子装所有的料理，而是分开用几个盘子装，这样一来，一个盘子中的料理减少的话，马上可以换上新一盘的料理，这种方法相对而言比较讨喜。如果是水分比较多的拌菜的话，可以装在小钵里或者以柑橘为壳盛装，这样既方便拿取，也方便食用。摆盘使用的大盘子，使用有深度、比较大的盘子，会比较具有震撼力，但如果料理比较难以拿取的话，可以选择如图的横向较宽的盘子，这样端菜的时候比较方便，分装时也会比较容易。

● 玻璃砧板拼盘
鳗鱼子冻
素什锦
炸毛豆
炸河虾
盐蒸家鸭
莲藕三文鱼蛋黄醋
蜜煮杨梅

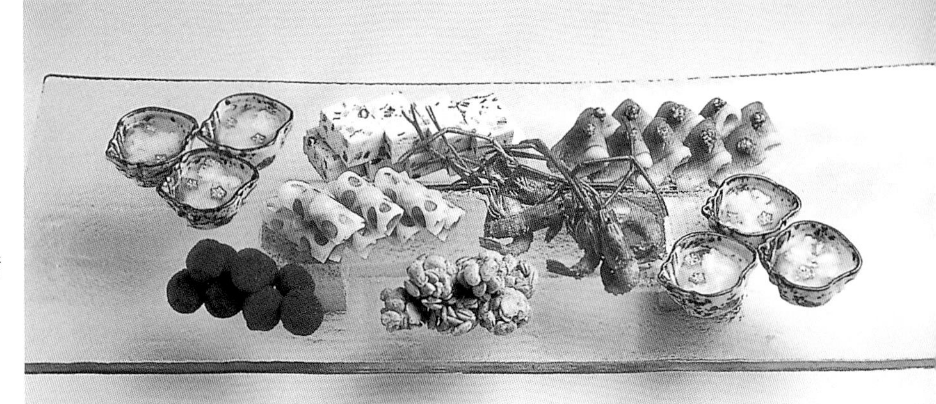

● 冰钵酸浆果拼盘
味噌玉子
鳗鱼八幡卷
豆乳慕斯
毛豆豆腐

● 笼盛
鲷鱼煎饼
虾煎饼
鳕鱼骨煎饼

● 烧物长盘盛
鲹鱼卷
鳕鱼竹叶寿司
鳗鱼寿司
对虾蛋黄寿司
无花果芝麻酱

八月

盛夏宴会料理

①牵牛花绘井形碗
②杉木纹团扇板
③轮岛涂银研出煮物碗
④轮花银制盛器
⑤赤绘花鸟绘小茶碗
⑥金银水珠花纹盘
⑦白瓷福禄寿碗
⑧网状玻璃碗
⑨御深井小碟
⑩白瓷青花纹茶饭碗
⑪轮岛涂黑葫芦花绘小汤碗

虽说夏日的宴会料理需要让食客忘却炎炎酷暑，但是也不能只是摆放数量众多的冷盘料理。即使是热的料理，如何通过清爽的摆盘，让人感觉到不那么酷热，也是很重要的。关于盛夏的料理，首先，将前菜摆在杉木纹团扇板上。利用杉木本身的特点，将其在水中浸泡后使用的话，不论是外观或者是触感都会有种清凉感，和当季的葛叶的绿色十分相衬。画着牵牛花的井形碗也充满着夏日风情。汤汁也选择用涂银的浅口煮物碗装盛，比较偏夏日风格。刺身则放在让人联想到八月盂兰盆节的莲叶上，能够有充分的留白，并且有种自然的感觉，并尝试了加冰块装冷盘。烧物盘的形状是残缺的圆形。不一样的形状能带来一种新鲜感。此外，煮物是热的料理，将其装在青花碗中，醋渍料理则放在玻璃碗中。此摆盘组合了各种能给人带来清凉感的食器。

● 汤 清汤底

葛叩鳗鱼

茄子

管牛蒡

莼菜

梅肉

柚子

● 前菜

甜煮鲍鱼

芋茎

顶花小黄瓜

海苔

● 刺身 莲叶盛
赤鱼
对虾
南瓜
顶花黄瓜
黄瓜卷丝
水前寺海带
青芥末
梅酱油

● 饭食
鲫鱼寿司蒸饭
柚子丝

● 烧烤物
鲈鱼红蓼味噌烧
醋渍谷中生姜
纳豆酱油渍

● 煮物
火烤鳗鱼
煮冬瓜
甜煮豆腐皮
生姜丝
青芥末

● 醋物
章鱼
秋葵
裙带菜
野姜丝
三杯醋

● 主食
白饭
红酱汤
腌菜

九月

秋日点心

①根来涂圆盆
②带耳席纹笼
③青花圆猪口杯
④仁清风圆纹碗

九月是赏花、赏月的时节，所以本书选择了能够联想到赏月的料理和摆盘。餐垫选择了秋天七草中的胡枝子和麦芒。由于麦芒在开花之后会马上落穗，所以要注意选择新鲜的麦芒。

用来盛装点心的容器，选择了有沉稳印象、用烟熏的竹子编制而成的竹笼，由于料理整体体现的是硕果累累的秋季的印象，所以摆盘时可以摆得满满的。但是要注意，料理整体要有高低变化，在狭窄的面积中创造出起伏，而不是显得很沉闷。本来一般都用漆器来盛汤，此次摆盘则尝试使用了陶器。直接用手拿着会有点热，但是向手传递的温热感，能够诉说料理的美味。当然，为了使不端起食器也能品尝，需要事先准备好木制或者竹制的汤勺。

● 点心

南蛮风渍鳗鱼
鹌鹑山椒烧
甘鲷若狭烧
熏制鸭排
虾菊花寿司
虾芋海胆烧
拌煮带子鲇鱼
猪肉味噌煮
甜煮卷豆皮
银杏蛋卷
银杏
松茸饭

● 汤 薄葛汤底

捞豆腐
土当归
豆角
生姜泥

十月

菊花节料理

传说将覆盖菊花的丝绵上所沾染的露水服下，会有除去厄运、带来健康的作用，本次的宴席料理就由此而来。重阳节是在农历的九月九日，以公历而言的话大约是在稍微感觉有些寒冷的十月份。首先，将前菜放在充满秋天感觉的数倍烧长方形盘中，进行了菊花拼盘。说起秋天的煮物，以土壶提供鳗鱼和松茸用是很常见的。在此，不是像以往那样将所有材料放进土壶内加热，而是将其放在陶炉上的土壶中仅仅加入汤底，将鳗鱼和松茸等另外盛放，一边加热一边品味。这样一来食客也可以参与到烹饪过程中。刺身的摆放如图，烧烤物则再次用到陶炉，制作成石烤牛肉。肉类在加热后切成用筷子容易夹取的大小的话，肉汁会流失，从而鲜味也会减弱，所以选择了直接提供生牛肉，用餐时再烤熟的方法。煮物选择了浇汁菜，由于保存温度是最重要的，所以选择了漆器，配色也选择了代表深秋的红叶的颜色。茶饭碗选择了有一定厚度的带盖陶器，和热的蒸寿司很搭。

①黑色数倍烧长方形盘
②南蛮千筋土壶
③饴釉羽反陶炉
④黑织部挂分圆盘
⑤不规则状盘
⑥仁清瓷云锦绘猪口杯
⑦赤乐圆陶炉
⑧织部四角盘
⑨锈十草绘椭圆皿
⑩鲁山人好朱涂煮物碗
⑪乾山写芦鹤绘碗

● 前菜 菊田盛
润香鲇鱼
鲑鱼子味噌拌鸡蛋
甜虾亲子拌
蜜煮涩皮栗
蟹小菊卷
盐蒸海胆百合根
鲭鱼菊花

● 汤 土壶蒸汤
鳗鱼 松茸
菊菜 银杏 酸橘

● 刺身
甘鲷烧
白萝卜丝
青紫苏 菊花
珊瑚菜 石耳 青芥末
煎米酱油

● 烧烤物 陶炉
石烤牛肉
小洋葱
青辣椒
芥末 柚子胡椒

● 煮物
虾芋煎汤
炸蟹味菇
银杏 百合根
芹菜 蟹黄
生姜泥

● 主食 蒸寿司
烤鳗鱼 粉鲣西京烧
对虾
乌贼 荷兰豆
鸡蛋丝 柚子丝

十一月

赏枫宴席

①溜涂长方形竹盘
②椭圆型龟甲编笼
③轮花青花小碟
④黄交趾龙雕圆小盘
⑤绿交趾龙雕椭圆小盘
⑥榉木日出煮物碗
⑦银杏叶形小盘
⑧麻叶绘椭圆形小盘
⑨高山寺绘碗
⑩白焙烙
⑪雪珠纹锅
⑫黄濑户圆陶炉
⑬饴釉长方形盘
⑭两切形粟田瓷盘
⑮交趾秃角形小盘
⑯黑刷毛纹千家盘
⑰红叶绘黑相良碗
⑱朱涂片口猪口杯

和春天欣赏樱花的“赏花”相对，秋天有观赏枫树或者柿树等纯红色红叶的“赏枫”活动。由于十一月是赏枫的季节，所以本节选用了适合晚秋到初冬这一时节的料理和摆盘，表现了对逝去的秋天的珍惜和对即将到来的冬天的期待。首先，前菜选用了随着寒冷加剧变得更美味的螃蟹、鮟鱇的肝、扇贝进行组合，放在熏竹笼上，点缀上红叶，显得别有风情。刺身放在清寂的银杏叶形容器中。由于想尽可能温热地提供蒸鲨鱼鳍，所以将其放在带盖的茶碗中作为“羹物”。然后将大型的焙烙加热，散发杉树的清香，将粉鲣丹波烧和松茸，模仿被秋风吹落的叶子的形态进行摆放。煮物选择了脂肪开始变得肥厚的金枪鱼，用银锅涮着食用。主食用新荞麦代替了米饭，可以和对虾炸海参搭配食用。

● 前菜
蟹蛋黄醋
鮟鱇肝生姜煮
烤扇贝

● 汤 甜汤底
烧痕甘鲷
烤鱼白
轴莲草
柚子丝

● 刺身

鲷鱼薄刺身 家山药 香葱 石耳
生姜 淡酱油

● 羹物

鲨鱼鳍二重蒸 生姜

● 烧烤物 杉板烧

粉鲣丹波烧 松茸 煎银杏

● 煮物

涮金枪鱼 葱丝 胡麻橙汁

● 炸物

对虾炸海参 炸芋头 卷豆皮

● 主食

新荞麦 辣味萝卜 葱白 青芥末 汤汁

十二月

腊月的火锅宴席

①青白瓷四方形盛盘
②唐津写千鸟绘碟
③赤铜太鼓形关东煮锅
④花三岛猪口杯
⑤青瓷深酒杯
⑥信乐绯色猪口杯
⑦数倍烧猪口杯
⑧织部切角四方盘
⑨复合朱漆有职绘食盒

腊月，是让人终于感受到真正寒冷的季节。腊月以温热的“关东煮”为中心，同时准备迎接正月的季节宴席料理。说起关东煮，会有很强烈的煮物或是火锅的印象，但如果将一个个的配菜做得个儿小味淡的话，在宴席料理中也能通用。首先是两道菜：爽口的对虾、河豚、扇贝调配的沙拉风味的前菜，以及异常美味的丝背细鳞鲀拌肝。以“前菜刺身”的形式，用白色的四方碟子和沉稳感的铁绘深盘同时装盛这两道菜。将品种丰富味道多样的关东煮，用饱满且略显圆形的太古铜的赤铜关东煮锅装盛。伴随着热腾腾的蒸汽，顾客可以搭配自己喜欢的配料食用。用餐时，将一口大的饭团装在小型食盒中提供给食客，顾客可以按照各自的喜好拿取食用。关东煮中的煮面可以盛在碗里代替汤，将干喉黑鱼作为菜看制成的料理，给人直接的温暖感和安心感。

● 前菜
煮对虾
烤河豚
炸扇贝
水菜
青芥末酱油

● 刺身替代品
丝背细鳞鲀拌肝
小葱
橙汁

● 关东煮
萝卜
芋头
魔芋
炸豆腐
油炸鱼丸
炸豆腐丸
海带结
白菜
牡蛎
虾芋
半熟鸡蛋
豆腐皮
煮面
柚子胡椒
熬制芥末
生姜味噌
发酵辣椒

● 烧烤物
干喉腐鱼
烤红薯
酸橘

● 主食
饭团

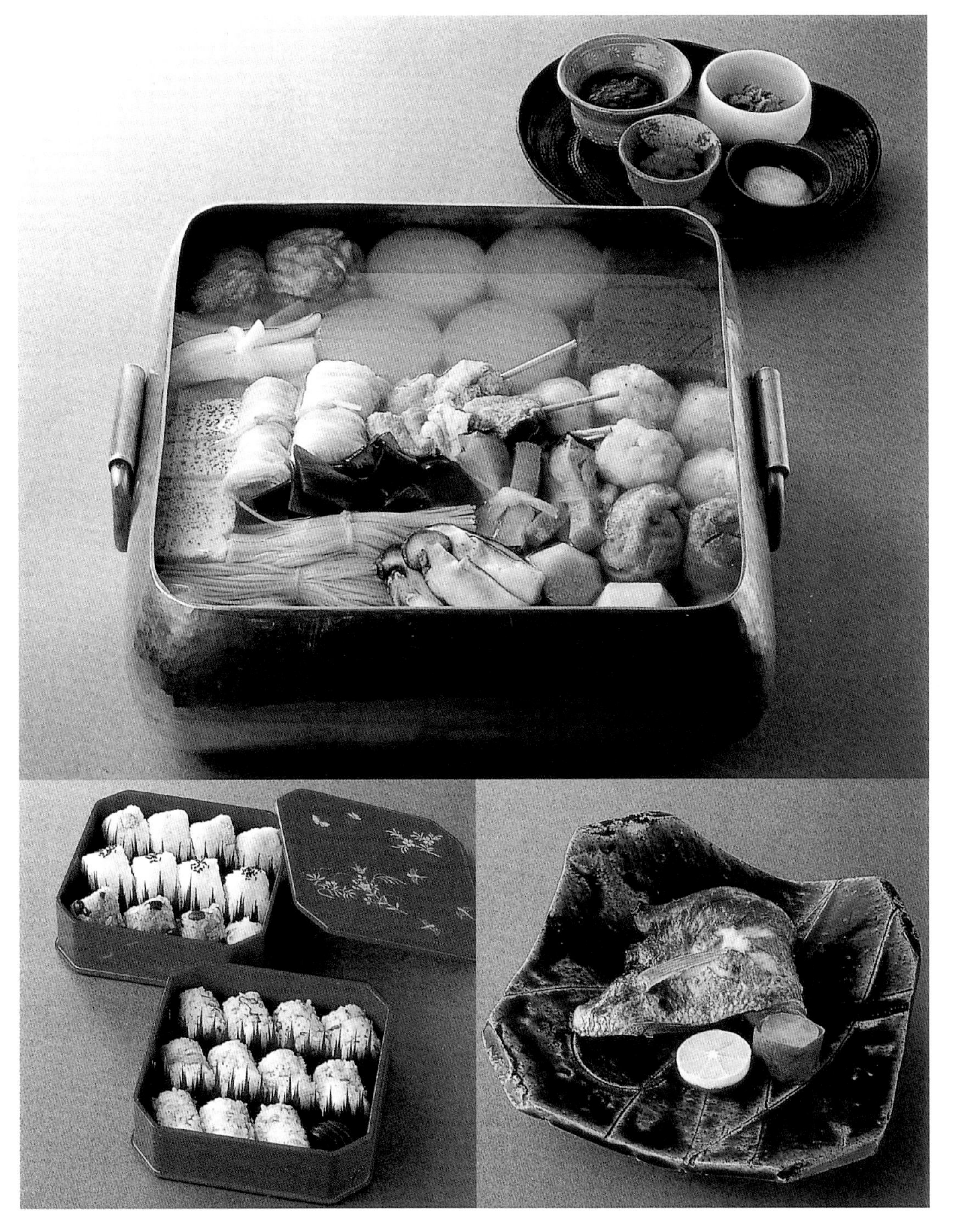

摆盘的用语

【共乘】

指的是两种以上的料理放在同一种食器中。将荞麦面和乌冬面放在同一个竹篓里，称其为“共乘竹篓”。将柚子和山椒芽等两种以上的东西同时以天盛式摆放，也可以称为共乘。

【青食垫】

食垫是为了给料理中增添季节感或者色彩。花、枝、叶之类的食垫就叫青食垫。根据种类，还分别具有防腐或防臭作用。

【觉弥】

指的是将长时间腌浸的酱菜去掉咸味，切碎之后浇上酱油等制作而成的酱菜。由于是江户时期的岩下觉弥发明的，所以叫作觉弥酱菜。

【替代】

指的是本来应该出现某种料理的情况下，使用其他料理替代的情形。用土壶蒸物替代汤的情况，称为“替代汤的土壶蒸物”。用蒸物替代煮物，用炸物替代烧烤物等是典型的情形。

【鞍挂】

像马背上挂马鞍一样，料理中也会使用别的素材形成桥状挂在中间。有此说法，“在作为主菜的甘鲷鱼上，将菠菜杆进行鞍挂”。

【山水摆盘】

日本料理摆盘的基本形式。如同描绘自然景色的山水画一样，将对面的料理摆成山一样高，将眼前的料理摆得像流水一样低，这种摆盘方法就叫山水摆盘。

【一叶兰】

在摆盘时塞得没有间隙的料理和料理中间，放入叶兰进行分隔。一般在寿司的摆盘中较为常见。有防止串味，增添色彩和防臭的效果。使用竹叶也能起到同样的效果和作用。

【芳香佐料】

指的是在汤中增添香味的蔬菜。在喝汤的时候，会感受到配料的香气。春天到初夏的山椒芽，夏天的青柚子，秋冬的黄柚子等是代表性的佐料。

【台】

盛装煮物的时候，作为最基本支撑的素材。也叫作“枕”。

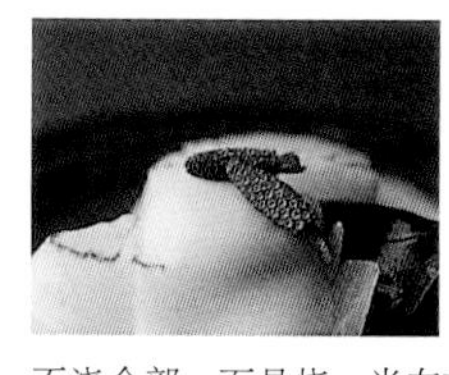

【半挂】

在完成摆盘的料理上方，浇上蜜汁或者味噌的时候，不浇全部，而是烧一半左右。这是一种不会破坏下方素材的形状和颜色的方法。

【落叶什锦菜】

摆盘方法的一种。表现了随秋风飘落的树叶都聚集在一处的样态，颇具风情。一般将红色、黄色、茶色等配色的料理汇集在一起进行摆盘。

【前盛】

指的是放在主食材前侧的搭配食材，又或是指这种摆盘手法。

【混合】

指的是将两种以上的食材混合。比如说，将生姜丝和野姜丝混合在一起。在料理中，这种手法会在刺身配菜、顶端配菜或者拌菜中使用。

料理解说

摆盘的基础知识

●七个基本要点

➡ P42

【平盛】

拟鲹刺身 烤鲣鱼刺身 鰤鱼刺身

材料 四人份

拟鲹（1 千克）……1/2 尾
鲣鱼（2 千克）……1/2 尾
鰤鱼（2 千克）……1/4 尾
野姜……2 块
青紫苏……4 片
土当归……5 厘米
珊瑚菜……4 根
酸橘……2 个
青芥末……1/3 根
柏树果果冻
　柏树果……1 个
　水……100 毫升
　明胶……2 片（6 克）
土佐酱油
　酱油……400 毫升
　酒……50 毫升
　味醂……50 毫升
　大豆酱油……50 毫升
　削鲣鱼……10 克
橙汁
　柑橘类的果汁……200 毫升
　醋……150 毫升
　酱油……200 毫升
　大豆酱油……30 毫升
　无酒精味醂……50 毫升
　鲣鱼片……10 克
　海带……3 克

做法

1. 制作土佐酱油。在锅中倒入酱油、酒、味醂，搅拌后用小火煮到只剩 10% 左右。冷却后加入大豆酱油和削鲣鱼，放置 5~6 个小时。过滤后，静置 2~3 周。

2. 制作橙汁。将所需材料倒在一起，放置 5~6 个小时，过滤后放在冰箱中，静置 1 周左右。

3. 将鲣鱼切成薄片的刺身，除去带血部分的肉，放在冰箱中，使肉紧实。

4. 制作柏树果果冻。将柏树果放入水中，除去皮和籽。将对应分量的水煮沸，加入明胶，使其溶解。完成后，加入柏树果，冷却凝固，切成边长 7 毫米的方形。

5. 将野姜和青紫苏切丝。采用旋切的手法将土当归斜着切碎。用筷子将土当归丝卷成圆形，泡在水中去涩味（土当归卷丝）。将珊瑚菜呈十字切开，泡在水中（锚形珊瑚菜）。

6. 刮去青芥末带叶子的部分。除去其表面的疙瘩，用刷子擦洗，除去污垢。

7. 除去拟鲹的皮，将拟鲹切成 7 毫米长的刺身。将鲣鱼切成扇形串在铁钎子上，撒上少许盐。用大火烧烤外皮，快速烤过鱼身后，将鱼身从铁钎上抽离并将其直切成刺身。将鰤鱼除去皮后，平切成刺身。

8. 在食器中放入野姜和青紫苏，再摆入拟鲹、鲣鱼和鰤鱼。将土当归卷丝、珊瑚菜、酸橘、青芥末泥、柏树果果冻当作配菜摆放。再配上土佐酱油和橙汁。

＊另外一种平盛，不使用珊瑚菜，将土当归作为配菜，此外增加黄瓜和生姜泥。

➡ P43

【杉盛】

鳕鱼海带

材料 四人份

鳕鱼（100 克）……4 条
珊瑚菜（锚形珊瑚菜，参考上个食谱）……4 根
石耳……适量
青芥末……1/4 根
白板海带……2 片
盐水
　水……1000 毫升
　盐……30 克
　海带……5 厘米方形
石耳配料
　高汤……200 毫升
　盐……1/3 小勺
　酱油……5 毫升
　小苏打……少量
煎酒
　酒……200 毫升
　水……100 毫升
　梅干……2 个
　米……1 大勺
　爪海带……1 片
　鲣鱼片……5 克
　酱油……10 毫升

做法

1. 制作煎酒。将米淘洗之后放入网筛中干燥，之后放在空锅中煎至变色。在锅中放入酒、水、梅干和爪海带，用小火煮至浓缩为一半的量。加入鲣鱼片和煎米之后关火，放置 5~6 小时。将汤汁过滤之后加入酱油。

2. 将石耳放在水中浸泡 5~6 小时。除去涩味后加入少量小苏打，加入热水，煮大约 1 小时。泡 1 小时水，再用沸水煮，再泡 10 分钟水。

3. 制作盐水。将水和盐混合，加入海带放置 20 分钟。

4. 将鳕鱼弄碎，上半身用盐水浸泡 10 分钟，加在白板海带中，在冰箱里放 3~4 个小时。

5. 将石耳配料煮沸后冷却，在石耳配料中放入石耳。

6. 将鳕鱼去皮，切成 5 毫米大小的刺身。

7. 在食器中以杉盛式摆放鳕鱼，将锚形珊瑚菜、石耳、青芥末泥作为配菜，放少量煎酒。

➡ P43

【杉盛】

芝麻白醋拌菜

材料 四人份

鸡胸肉……2 块
黄瓜……1 根
板筋……1/4 片
松子……适量
板筋配料
　高汤……400 毫升
　味醂……40 毫升
　盐……少量
　淡味酱油……35 毫升
芝麻白醋
　内酯豆腐（350 克）……1 块
　芝麻……3 大勺
　砂糖……大勺 2 勺半
　盐……1/2 小勺
　酱油……15 毫升
　醋……45 毫升
　生姜汁……5 毫升
　高汤……60 毫升

做法

1. 制作芝麻白醋。将豆腐放在重石上，沥干 1 小时 30 分钟。汤干后将其放在研钵中，按顺序加入芝麻、表中的所有调味料和高汤进行搅拌。

2. 用菜刀将鸡胸肉的筋挑出。将鸡胸肉切成一半的厚度，撒少许盐，放置约 10 分钟。用热水烫过鸡肉后马上浇冰水，使其形成白色裂纹。将鸡胸肉斜着切成 5 毫米大小。

3. 在黄瓜上撒盐，将黄瓜在菜板上揉搓，使颜色更加鲜艳。横着将黄瓜切开，去籽，切成薄片，用盐水（参照上个食谱中盐水的做法）将黄瓜浸泡 10 分钟。

4. 将板筋放在配料中短暂煮一会儿然后冷却。除去汤汁之后，将板筋切成 5 毫米宽、3 厘米长的切块。

5. 将松子放在空锅中煎过之后，切成粒状。

6. 将 2~4 步的材料混合，加入适量芝麻白醋进行搅拌。将其盛入容器中之后，再以天盛式摆放。

➡ P44

【俵盛】①

鲇鱼甘露玉子烧

材料 四人份

鲇鱼（60 克） …………4 条
萝卜 …………10 厘米
蓼叶 …………1/4 束
色拉油 …………少许
鲇鱼甘露煮汤底
　高汤 …………500 毫升
　酒 …………150 毫升
　醋 …………5 毫升
　冰糖 …………50 克
　浓味酱油 …………60 毫升
　大豆酱油 …………30 毫升
　爪海带 …………1 片
　有马山椒 …………2 大勺
鸡蛋液
　鸡蛋 …………8 个
　高汤 …………320 毫升
　味醂 …………10 毫升
　淡味酱油 …………20 毫升
　盐 …………少量

做法

1. 制作鲇鱼甘露煮。将鲇鱼干烤，去头尾，去骨。在鲇鱼上喷酒雾，用中火蒸 1 小时。在锅中铺上薄板，将鲇鱼并列摆放。加入高汤、酒、醋和爪海带，用小火煮 10 分钟，再加入冰糖煮 10 分钟，最后加入浓味酱油煮 15 分钟，然后放置 1 天。将汤汁再用火煮，煮到汤汁变少了之后取出爪海带，加入大豆酱油和有马山椒再煮。等开始出现酱油糖汁的时候关火，收汁。

2. 制作鸡蛋液。在高汤中加入配料表中的调味料。将鸡蛋敲开后进行搅拌，然后倒入高汤中再次搅拌。

3. 将萝卜切碎，和同样切碎的蓼叶混合。

4. 用中火加热煎蛋锅，加入少许色拉油。将鸡蛋液淌满整个锅面，并在锅中倒入鲇鱼甘露煮，将鸡蛋卷起。以厚蛋烧为要领，反复卷起煎炸，然后用寿司帘调整形状。

5. 将鸡蛋卷切成合适的大小装盘，放上萝卜泥。

➡ P44

【俵盛】②

海鳗八幡卷

材料 四人份

海鳗（500 克） …………1 条
牛蒡 …………2 根
白瓜 …………1 根
番薯 …………1 个
栀子 …………2 个
牛蒡汤汁
　高汤 …………500 毫升
　味醂 …………50 毫升
　浓味酱油 …………15 毫升
　淡味酱油 …………15 毫升
番薯汤汁
　水 …………200 毫升
　细砂糖 …………80 克
酱汁
　酒 …………180 毫升
　味醂 …………180 毫升
　浓味酱油 …………150 毫升
　大豆酱油 …………50 毫升
　冰糖 …………40 克
　海鳗（白身鱼）的背骨 ……1 条份

做法

1. 制作酱汁。将海鳗的背骨烤至浅茶色。在锅中放入配料表中的调味料和海鳗的背骨，用小火煮干至 10% 的量，过滤并冷却。

2. 将海鳗骨切成 1~2 毫米的大小。

3. 将牛蒡切成 4~6 段，泡在水中。锅里放入牛蒡汤汁配料表中的调味料，当牛蒡煮硬以后将其泡入水中，将牛蒡汁迅速加热并冷却。

4. 将白瓜炸至上色，去籽，泡在盐水（参照前页）中 10~15 分钟，当它变得柔软之后，在其中心插入海带，用海带将其卷起，用石头压着放置 3 小时后，切成 1 厘米的大小。

5. 将番薯去皮之后随意切块。用加入栀子的水将其煮至变软之后，泡在冷水中。锅里放入牛蒡汤汁、糖和番薯，煮 5 分钟之后冷却。

6. 将牛蒡切成 10 厘米的长度，用去骨的海鳗鱼将其卷起，用竹皮扎紧。将海鳗卷串 4~5 串，用大火烤至变色，加酱汁然后继续烤制，烤完之后切成 3 厘米左右大小。

7. 在食器中放入海鳗卷，并将白瓜、番薯当作配菜一并摆盘。

➡ P44

【叠盛】

烧鲈鱼段

材料 四人份

鲈鱼（1.2 千克） …………1 条
莲藕 …………1/2 节
土当归 …………6 厘米
蓼叶 …………1/2 束
酸橘 …………2 个
酒盐
　高汤 …………200 毫升
　酒 …………200 毫升
　盐 …………1/3 小勺
　淡味酱油 …………10 毫升
　海带 …………5 厘米
甜醋
　醋 …………100 毫升
　水 …………100 毫升
　砂糖 …………45 克
　干辣椒 …………1 个
土当归汁
　酱油 …………50 毫升
　酒 …………50 毫升
　冰糖 …………10 克

做法

1. 制作酒盐。将所需材料混合，静置 20 分钟。

2. 制作甜醋。将干辣椒以外的材料混合加热，待砂糖融化时快速关火冷却。加入干辣椒。

3. 将鲈鱼用水洗净，切成 8 厘米长的鱼块，撒上一层盐之后静置 30 分钟。用水洗净后擦干。

4. 将莲藕切成 1.5 厘米大小的半月形，将边角削去之后泡在水中。将加醋的水煮沸，将藕放入水中，再放入甜醋中浸泡 6 小时。

5. 将土当归切成 7 毫米长的方块后，泡在水中。然后在热水中加盐、酱油、酒、冰糖煮沸。在锅中放入汤汁和土当归，用小火煮干。

6. 将鲈鱼串成串，涂上 2~3 遍酒盐之后，用大火烤至变色。再撒上蓼叶。

7. 在食器中放入鲈鱼，并将莲藕、土当归、酸橘作为配菜。

➡ P45

【混盛】

甜煮对虾 盐蒸鸭 过油炖茄子 煮冬瓜 煮芋头 甜煮干香菇 冷勾芡汁 野姜丝 柚子

材料 四人份

●甜煮对虾

对虾（35 克） …………4 只
汤汁
　高汤 …………400 毫升
　酒 …………50 毫升
　味醂 …………75 毫升
　淡味酱油 …………40 毫升
　盐 …………1/2 小勺

●盐蒸鸭

鸭胸肉 …………1 块
汤汁
　高汤 …………200 毫升
　酒 …………100 毫升
　味醂 …………5 毫升
　盐 …………2 小勺
　淡味酱油 …………15 毫升

●过油炖茄子

中长茄子 ……………………2 根

汤汁

- 高汤 ………………500 毫升
- 砂糖 ………………1/2 小勺
- 味醂 ………………60 毫升
- 淡味酱油 ……………50 毫升

●煮冬瓜

冬瓜 ……………………1/4 个

汤汁

- 高汤 ………………400 毫升
- 味醂 ………………20 毫升
- 盐 …………………2/3 小勺
- 淡味酱油 ……………15 毫升
- 干虾 ………………………5 克
- 白纹鸡皮 ………1/2 只鸡的量

●煮芋头

芋头 …………………………8 个

汤汁

- 高汤 ………………400 毫升
- 酒 …………………50 毫升
- 砂糖 …………………2 大勺
- 盐 …………………1/2 小勺
- 淡味酱油 ……………20 毫升
- 鲣鱼片 ………………………5 克

●甜煮干香菇

干香菇 ………………………4 个

汤汁

- 高汤 ………………100 毫升
- 干香菇的回汁 ………100 毫升
- 砂糖 ………………1/2 大勺
- 味醂 ………………10 毫升
- 浓味酱油 ……………10 毫升

冷勾芡汁

- 高汤 ………………400 毫升
- 酒 …………………10 毫升
- 味醂 ………………25 毫升
- 盐 …………………1/2 小勺
- 酱油 ………………15 毫升
- 水溶葛粉 …………1/2 大勺

野姜丝 ………………………2 个

柚子皮 ……………………少许

做　法

1. 制作**甜煮对虾**。去除虾头和虾线，将其放在锅中和汤汁一起煮 3 分钟左右，再放入冰水冷却，然后剥壳。

2. 制作**盐蒸鸭**。用盐腌制鸭胸肉。将带皮侧放入平底锅中，用中火煎至金黄色后，再翻面煎制。加入热水去油之后，除去水气。在锅中加入汤汁，然后和鸭肉一起放到真空袋中，用小火蒸 18~20 分钟。然后将袋子放到冷水中快速冷却。放置一天使味道沉淀。从袋中取出鸭肉，切成 3 毫米左右的厚度。

3. 制作**过油炖茄子**。将茄子切成适当的大小，将外皮轻轻抹点盐。用 165℃油炸，然后倒入热水去油。茄子连同汤汁一起用小火煮 2~3 分钟。将茄子捞出放在网筛中冷却，将汤汁也快速冷却。各自冷却之后将茄子放回汤汁中浸泡，使其入味。

4. 制作**煮冬瓜**。将冬瓜切成一口大小。去皮，将边角切去。盐煮之后，用流水冲至冷却。将高汤和配料表中的调味料混合，将冬瓜、干虾、白纹鸡皮一起放入，煮大约 10 分钟。然后静置使其入味。

5. 制作**煮芋头**。将芋头去皮，用淘米水煮。煮到软得能用串穿入的时候，用流水冷却。在锅中加入芋头、高汤、酒、砂糖、鲣鱼片，用小火煮 5 分钟。加入盐和淡味酱油煮大约 10 分钟。然后冷却使其入味。

6. 制作**甜煮干香菇**。事先将干香菇在水中浸泡 5~6 小时。除去香菇柄，用热水将香菇煮 5 分钟。在锅中加入高汤、回汁、香菇，煮大约 10 分钟。加入砂糖和味醂，煮至 50% 的量，然后加入浓味酱油。大约煮 5 分钟后关火，静置冷却使其入味。

7. 制作野姜丝。将野姜竖着对半切开，沿着纤维切碎，将姜丝泡在水中。

8. 制作冷勾芡汁。在锅中放入高汤和配料表中的调味料并加热。沸腾后加入水溶葛粉使其变得黏稠，然后冷却。

9. 在食器中放入对虾、鸭肉、茄子、冬瓜、芋头和香菇，浇上冷勾芡汁，放上野姜丝，然后撒上柚子皮。

➡ P45

【集盛】

海鳗鱼子豆腐 过油炖茄子 煮芋头 万愿寺辣椒 野姜 山椒芽

材　料　四人份

●海鳗鱼子豆腐

海鳗鱼子 …………………200 克

土生姜 ……………………20 克

甜煮海鳗鱼子

- 高汤 ………………400 毫升
- 酒 …………………50 毫升
- 味醂 ………………45 毫升
- 砂糖 …………………1 小勺
- 淡味酱油 ……………20 毫升
- 盐 ……………………少量

海鳗鱼子豆腐底料

- 鸡蛋 …………………………6 个
- 高汤 ………………600 毫升
- 味醂 ………………30 毫升
- 盐 …………………2/3 小勺
- 淡味酱油 ……………15 毫升

●过油炖茄子（参照上个食谱）

●煮芋头（参照上个食谱）

●万愿寺辣椒

万愿寺辣椒 …………………4 根

色拉油 ……………………少许

万愿寺辣椒的汤汁

- 高汤 ………………100 毫升
- 味醂 ………………30 毫升
- 砂糖 …………………2 大勺
- 浓味酱油 ……………75 毫升
- 生姜汁 ………………10 毫升

野姜 …………………………2 根

山椒芽 ……………………12 片

做　法

1. 制作**海鳗鱼子豆腐**。首先，制作甜煮海鳗鱼子。将土生姜切成 1 厘米长度的细丝。将海鳗鱼子拆分开，用水冲洗，用小火煮大约 5 分钟。在水中浸泡 30 分钟后，擦干鱼子表面的水。锅里放入高汤，加入海鳗鱼子和土生姜，用中火煮 2~3 分钟，然后静置冷却使其入味（甜煮海鳗鱼子）。将搅拌好的鸡蛋和调味料混合，然后过滤。在其中加入擦干水的甜煮海鳗鱼子，用小火蒸 12 分钟。冷却后切成适当大小。

2. 制作**过油炖茄子**、**煮芋头**（参照上一个食谱）。

3. 将**万愿寺辣椒**去蒂、除籽，串成串，涂上色拉油，用大火烤制之后放在汤汁炖煮。

4. 野姜从细的那端开始切成薄片，泡在水中除味，然后沥干。

5. 将各种材料再次加热，食器中放入海鳗鱼子豆腐、过油炖茄子、煮芋头、万愿寺辣椒，并将野姜、山椒芽放在上方。

➡ P46

【散盛】

石鲽酒盗烧 对虾海参子烧 鳟鱼竹纸卷 康吉鳗鱼博多真薯 煮鲍鱼 醋渍野姜 毛豆

材　料　四人份

●石鲽酒盗烧

石鲽（500 克） ……………1 条

酒盗底

- 酒盗 ………………………60 克
- 高汤 ………………250 毫升
- 酒 …………………250 毫升
- 盐 …………………1/2 小勺
- 淡味酱油 …………1/2 小勺

●对虾海参子烧

对虾（40 克） ………………4 只

虾肉末 ……………………80 克

白身鱼肉末 ………………25 克

蒸馏酒 ……………………20 毫升

无酒精味醂 ………………5 毫升

淡味酱油 …………………5 毫升

干海参子 …………………1/3 枚

●鳕鱼竹纸卷
鳕鱼(100克) ……………………4条
熏咸鲑鱼 ……………………… 适量
家山药 ………………………… 适量
黄瓜 ……………………………1/4根
白板海带 ………………………1条
竹纸海带 ………………………2条

●康吉鳗鱼博多真薯
康吉鳗鱼(100克) ……………8条
山椒芽 …………………………4片
康吉鳗鱼汤汁
高汤 ……………………800毫升
酒 ………………………600毫升
味醂 ……………………300毫升
砂糖 ………………………5大勺
淡味酱油 …………………30毫升
浓味酱油 ………………160毫升
真薯配料
白身鱼肉末 ………………1千克
鸡蛋清 ……………………100克
无酒精味醂 ……………100毫升
砂糖 ………………………1大勺
淡味酱油 …………………20毫升
海带汤 …………………350毫升
水溶葛粉 …………………1大勺

●煮鲍鱼
鲍鱼(500克) ………………2杯
汤底
水 ………………………600毫升
酒 ………………………400毫升
砂糖 ………………………3大勺
淡味酱油 …………………20毫升
浓味酱油 …………………60毫升
干贝 …………………………5个
白纹鸡皮 ……………………1片
海带 …………………5厘米方形
土生姜 ……………………… 适量
肝有马煮的汤底
酒 ………………………200毫升
浓味酱油 ………………100毫升
大豆酱油 …………………10毫升
砂糖 ………………………1大勺
有马山椒 …………………1小勺

●毛豆
毛豆 ……………………………12根
●醋渍野姜
野姜 ……………………………2块
甜醋
醋 ………………………100毫升
水 ………………………100毫升
砂糖 …………………………30克

做法

1. 制作**石鲽酒盗烧**。在锅中放入酒、酒盗，用火煮。煮至快要沸腾时过滤，然后加入剩余的调味料和高汤进行冷却（酒盗底）。将石鲽切成5片，用酒盗底进行腌制并晾干。将石鲽片串成串，将带皮一侧用金属制刀片划开。将带皮一侧用中火进行烤制，然后全体涂上酒盗底，再进行烤制，如此重复两次。

2. 制作**对虾海参子烧**。将对虾串成串，进行盐煮，剥壳，开腹。在研钵中加入虾肉末和白身鱼肉末，再加入配料表中的调味料充分搅拌并薄薄地涂在对虾腹部，进行烤制。腹侧烧制完成之后，在其表面涂上蛋黄，并蘸满切碎的干海参子。

3. 制作**鳕鱼竹纸卷**。将鳕鱼上半面用盐水（见第126页）浸泡10分钟，用白板海带包裹，放置3~4小时。将黄瓜竖着切成八等份，去籽。在黄瓜上稍微撒一点盐，放置约10分钟。将熏咸鲑鱼、家山药切成5毫米的方形棒状。除去鳕鱼皮，贴合竹纸海带的大小将鳕鱼紧贴排列，卷起熏咸鲑鱼、黄瓜和家山药。全部食材用竹纸海带包裹卷起，调整形状，切成1厘米大小。

4. 制作**康吉鳗鱼博多真薯**。除去鳗鱼的背鳍和黏液，切去头部，除去腹骨。将鳗鱼带皮侧向上，放在砧板上，用热水冲洗。用菜刀刮去鱼皮的黏液，用水冲洗后沥干。在锅中煮开汤汁，放入鳗鱼。在冒出小泡泡快要沸腾的时候，调整火候，用小火煮20~30分钟。鳗鱼变软了之后，将带皮侧向下放在网筛中（煮鳗鱼）。结合冲洗罐的长度切鳗鱼。将真薯的材料按顺序放入研钵中，充分搅拌。在冲洗罐中放入适量材料，表面弄平整，放入葛粉和鳗鱼。将真薯材料和鳗鱼反复叠加。用小火蒸1小时。蒸完后取出放在横穿板上，押实之后，放置一晚。切成适当的大小。

5. 制作**煮鲍鱼**。将鲍鱼从壳中拿出，除去肠、口、边缘。在锅里加入酒、水、用1000毫升水煮过的干贝和汤汁、白纹鸡皮、海带、生姜，用小火煮2小时。然后加入剩下的调味料，继续煮15分钟，之后放置一晚。切成适当的大小。将鲍鱼肝在汤汁中煮大约5分钟（肝有马煮）。切成适当的大小。

6. 将**毛豆**用水洗净，表面用盐搓洗，然后进行盐煮。

7. 制作**醋渍野姜**。将甜醋的材料混在一起进行加热，等砂糖溶解之后，快速冷却。将野姜竖着切成两半，快速在热水中焯一下，然后撒上少许盐。冷却之后，用甜醋浸泡20分钟。

8. 在食器中放入石鲽、对虾、鳕鱼竹纸卷、博多真薯、鲍鱼和肝、毛豆、醋渍野姜，进行摆盘。

预摆盘

➡ P52

【前菜】①
烤海鳗鱼片

材料 四人份
海鳗(400克) ……………………1条
黄瓜 ……………………………2根
野姜 ……………………………2块
石耳 ………………………… 适量
鹿尾菜 ……………………… 适量
酸橘 ……………………………2个
柚子胡椒 …………………… 少量
石耳配料（见第126页"鳕鱼海带"）

做法

1. 将黄瓜作为配菜。将野姜竖着切成2毫米大小。石耳在水中煮制（见第126页"鳕鱼海带"），然后放在配料中。鹿尾菜进行短暂盐煮，只用叶的部分。将酸橘切成半月形，去籽。

2. 将去腹骨的海鳗切成20厘米长的大小，竖着串成串，用喷枪炙烤带皮一侧和肉侧的外面后，将其切成1厘米左右的大小。将腹骨用油清炸，撒上少许盐。

3. 在食器中放入黄瓜、野姜，再摆上海鳗，配上酸橘、石耳、鹿尾菜、柚子胡椒、海鳗的腹骨。将盐放在猪口杯里，摆在旁边。

➡ P53

【前菜】②
带鱼海带结

材料 四人份
带鱼(1.2千克) ………………1/2条
鸡蛋(小号) ……………………4个
家山药 ………………………6厘米
花穗紫苏 ………………………8枝
青芥末 ………………………1/2根
白板海带 ………………………3片
加减酱油
土佐酱油（见第126页"平盛"）
…………………………………60毫升
蒸馏酒 ……………………15毫升
高汤 ………………………15毫升
柠檬汁 ……………………15毫升

做法

1. 将加减酱油的材料混合。

2. 将带鱼切成三段，撒盐后放置30分钟。除去腹骨和主鱼骨，用水洗净，擦干水后用白板海带包裹。在冰箱中放3~4小时后打成海带结。

3. 在锅中将汤汁煮到沸腾，用小火保持65℃~70℃的温度。将鸡蛋放入网筛中，静置在锅里，用火加热20~25分钟。然后放在冰水中冷却（温泉蛋）。

4. 将家山药切成3厘米长的棒状。

5. 将带鱼切成5毫米左右的细鱼片。

6. 在食器中摆入带鱼，将温泉蛋的蛋黄、家山药、花穗紫苏、青芥末泥（见第126页）作为配料添加。然后再另外添加加减酱油。

➡ P54

【前菜】③

魁蛤芥末醋味噌拌菜

材料 四人份

魁蛤（80克）……4个
冬葱……8根
细粒点心……适量
白练味噌
- 白味噌……200克
- 蛋黄……2个
- 酒……200毫升
- 砂糖……30克
- 味醂……30毫升

芥末醋味噌
- 浓缩芥末……1/2大勺
- 白练味噌（见上个步骤）……100克
- 醋……35毫升
- 淡味酱油……5毫升
- 高汤……适量

做法

1. 制作白练味噌。在锅中放入材料，隔水煮，熬煮至味噌原来的黏稠度。

2. 制作芥末醋味噌。在研钵中混合各种材料。

3. 将魁蛤从壳中取出，清理干净后切成3毫米大小，外膜切成适当的长度。

4. 将冬葱切去根部和前端，用热水焯一下。在砧板上将冬葱展开，撒一层盐，静置冷却。将研磨杵放在葱绿的上方，沿着从左到右的方位滚动，除去黏液，切成2厘米的长度。

5. 将魁蛤和冬葱混合，加入芥末醋味噌搅拌。将其盛放在食器中后，将细粒点心以天盛式摆放在上方。

➡ P54

【前菜】④

梅肉醋烤扇贝拌菜

材料 四人份

扇贝肉……4个
黄瓜……2根
白芋茎……1/4根
色拉油……少量
土当归……5厘米
梅子醋
- 梅子肉（白）……2大勺
- 无酒精味醂……10毫升
- 砂糖……1小勺
- 淡味酱油……5毫升
- 蒸馏酒……60毫升
- 海带……5厘米方形

芋茎配料
- 高汤……300毫升
- 味醂……25毫升
- 盐……少量
- 淡味酱油……10毫升

做法

1. 制作梅肉醋。在盆中放入海带以外的食材，搅拌之后放入海带，放置5~6小时。

2. 除去扇贝肉的内脏。在平底锅中加入少量色拉油，放入贝肉，用大火加热，在贝肉表面留下烧痕。将贝肉分成两半。

3. 加深黄瓜的颜色。将黄瓜竖着对半切开，去掉黄瓜籽，斜切成薄片，在盐水（见第126页）中浸泡10分钟。

4. 将白芋茎的皮从两端剥去，切分成适当的大小，用稍微有些裂开的竹皮捆绑。在盐水中将其煮过之后，用水清洗，然后擦干表面的水。将其在煮完冷却后的配料中放30分钟。

5. 将土当归弄成卷丝（见第126页）。

6. 在食器中放入贝肉、黄瓜片和白芋茎，加上梅子醋，并将土当归卷丝放在成品的顶端。

➡ P55

【碗装菜】①

清汤煮物 葛拍赤鱼
莲饼 环形瓜 银耳
梅肉 柚子

材料 四人份

赤鱼（1千克）……1/2条
白瓜……1/2根
银耳……适量
柚子……1个
梅肉……少量
蛋液
- 蛋黄……2个
- 色拉油……60毫升

莲饼
- 莲藕（泥状）……350克
- 蛋清……1/2个量
- 淀粉……30克
- 蛋液（上一个步骤中）……30克
- 盐……1/2小勺
- 松子……12粒
- 葛粉……适量

八方汤底
- 高汤……300毫升
- 盐……1/4小勺
- 淡味酱油……5毫升

海带汤
- 水……500毫升
- 海带……10克
- 盐……1小勺

汤底
- 高汤……600毫升
- 盐……1/3小勺
- 淡味酱油……5毫升

做法

1. 制作蛋液。将蛋黄放在盆中搅碎。一边加入少量的色拉油，一边用打蛋器搅拌。

2. 制作八方汤底。在锅中放入高汤和表中的调味料，进行混合，煮沸后冷却。

3. 制作莲饼。莲藕去皮，切碎，将其适当挤干。称量350克莲藕碎，将蛋液、淀粉、蛋清、盐混合，在容器中摊开，蒸15分钟。趁热调整形状，加入煎松子。再加入葛粉，将其在165℃~170℃的油中炸。

4. 在白瓜上面撒上盐，进行揉搓，使其颜色更加显眼，然后除籽，切成3毫米左右的薄片。用盐水煮，然后将其放进冷却后的八方汤底中。

5. 将泡开的银耳快速在热水中焯一遍，然后加入八方汤底煮一会儿之后静置冷却。

6. 将切成三片的赤鱼上半部切开，抹上葛粉。在锅中倒入海带汤，煮至沸腾，在开始沸腾的时候调整火候。放入赤鱼，用火煮大约1分钟，然后取出沥干。

7. 制作汤底，加入盐和淡味酱油进行调味。

8. 将赤鱼、莲饼、白瓜、银耳盛入碗中，浇上热的汤底。放上切成扇形的柚子，在赤鱼的上面放上梅肉。

➡ P56

【汤菜】②

预备清汤 酒煎鲍鱼
绵豆腐 蔓菜
豆角 柚子 生姜丝

材料 四人份

鲍鱼（400克）……1杯
蔓菜……适量
豆角……8根
柚子……1个
土生姜姜丝……20克
绵豆腐
- 白身鱼肉末……140克
- 鲍鱼肠……1杯量
- 蛋液（参考上个食谱）……2大勺
- 味醂……10毫升
- 淡味酱油……5毫升
- 水溶葛粉……2大勺

| 海带汤 ………………… 30毫升
八方汤底（参考上个食谱）

做　法

1. 对鲍鱼进行处理，将鲍鱼肠用热水煮过之后沥干（在绵豆腐中使用）。

2. 制作绵豆腐。将配料放在研钵中混合。在蒸罐中放入配料，铺平整。用中火蒸20~30分钟。

3. 用盐水煮蔓菜，然后将其放入汤底八方中。

4. 将豆角竖着对半切开，然后用盐水煮，之后放入八方汤底中。

5. 将柚子皮切碎，用水洗净之后晾干（柚子丝）。

6. 将鲍鱼切成薄片。然后放在沸腾的少量酒液中短暂煮一会儿。

7. 在食器中放入再次加热的绵豆腐、鲍鱼，再加上蔓菜和豆角，浇上汤底。将柚子丝和土生姜姜丝混合后，放在表面。

➡ P57~59

【刺身】

●摆放一种鱼

鲷鱼平刀鱼片
白萝卜丝 青紫苏
水前寺海苔 花穗紫苏 青芥末 土佐酱油

材　料　四人份

鲷鱼（1.5千克） …………… 1/4条
萝卜 ………………………… 1/5根
青紫苏 ……………………… 4片
水前寺海苔 … 边长3厘米的方形
花穗紫苏 …………………… 8片
青芥末 ……………………… 1/4根
土佐酱油（见第126页“平盛”）

做　法

1. 将鲷鱼平切成7厘米左右的刺身。

2. 将萝卜横着切片。将水前寺海苔放在水中浸泡5~6个小时，在热水中焯过之后浸泡在冷水中。

3. 在食器中放入萝卜、青紫苏，然后摆入鲷鱼，再将水前寺海苔、花穗紫苏、青芥末泥（见第126页）作为配菜，再浇上土佐酱油。

●摆放两种鱼

鲷鱼平刀鱼片 高体鰤暗刀鱼片
家山药 珊瑚菜 柏树果
红白丝 青芥末 土佐酱油

材　料　四人份

鲷鱼（1.5千克） …………… 1/4条
高体鰤（3千克） …………… 1/4条
柏树果 ……………………… 1个
锚形珊瑚菜 ………………… 4根
家山药 ……………………… 4厘米
土当归 ……………………… 4厘米
胡萝卜 ……………………… 4厘米
青芥末 ……………………… 1/4根
土佐酱油（见第126页“平盛”）

做　法

1. 将鲷鱼背面平切成7毫米左右的刺身，将腹部切成方形。将高体鰤暗切成7毫米左右的刺身。

2. 将家山药切成3毫米左右的棒状。将土当归、胡萝卜制成卷丝（见第126页土当归卷丝）。

3. 在食器中摆入鲷鱼、高体鰤、过水去皮和籽的柏树果、锚形珊瑚菜（见第126页）、家山药、青芥末泥（见第126页）当作配菜，再放上土当归卷丝、胡萝卜卷丝，最后浇上土佐酱油。

●摆放三种鱼

鲷鱼平刀鱼片 焯对虾
乌贼片
石耳 紫苏穗
黄瓜卷丝 青芥末
土佐酱油 什锦醋

材　料　四人份

鲷鱼（1.5千克） …………… 1/4条
剑先乌贼（400克） ………… 1/2杯
对虾（35克） ……………… 4只
黄瓜 ………………………… 1根
石耳 ………………………… 适量
石耳配料（见第126页“鳕鱼海带”）
花穗紫苏 …………………… 8枝
青芥末 ……………………… 1/4根
土佐酱油（见第126页“平盛”）
什锦醋
| 橙汁（见第126页“平盛”）…100毫升
| 萝卜泥 ……………………… 适量
| 小葱 ………………………… 适量

做　法

1. 将萝卜泥和小葱混入橙汁中，制作什锦醋。

2. 将鲷鱼平切成厚7毫米左右的鱼片。将剑先乌贼斜切，切成2.5厘米长、2厘米宽的大小。去除对虾的虾线和头部，在热水中煮过之后放在冰水中冷却，然后去壳，分成2等份。

3. 将黄瓜制成卷丝（见第126页“土当归卷丝”）。

4. 在食器中摆入鲷鱼、对虾、剑先乌贼，将石耳及配料（见第126页“鳕鱼海带”）、花穗紫苏、青芥末泥（见第126页）作为配菜，再放上黄瓜卷丝，最后浇上土佐酱油和什锦醋。

➡ P60

【烧物】①

幽庵烤带鱼
白瓜干 蛇笼莲藕
石耳拌芥末

材　料　四人份

带鱼（1.2千克） …………… 1/2条
莲藕 ………………………… 1节
毛豆 ………………………… 50克
白瓜 ………………………… 1/2根
鲣鱼粉 ……………………… 适量
石耳 ………………………… 适量
石耳配料
| 高汤 ………………………… 200毫升
| 味醂 ………………………… 15毫升
| 淡味酱油 …………………… 15毫升
| 浓缩芥末 …………………… 1小勺
幽庵酱汁
| 酒 …………………………… 100毫升
| 味醂 ………………………… 100毫升
| 浓味酱油 …………………… 100毫升
| 山椒粉 ……………………… 适量
甜醋（见第127页“烧鲈鱼段”）

做　法

1. 制作蛇笼莲藕。将莲藕去皮，在甜醋中煮。将其竖着切成7~8厘米长的藕片，在甜醋中浸泡约1小时。

2. 用盐水煮毛豆，然后取出里面的豆子，剥去表面的豆皮，用沥干水的莲藕片将其包裹。

3. 制作白瓜干。将白瓜撒上盐揉搓，使其显色，在热水中快速焯过之后，倒在冷水中冷却。除去内芯，用盐水（见第126页）泡10~15分钟，变软之后，用海带将周围包裹起来，用石块压着放置3小时。然后切成1厘米的大小，撒上鲣鱼粉。

4. 制作石耳拌芥末。用水泡发的石耳（见第126页“鳕鱼海带”）放在配料中使其入味。

5. 将带鱼切成三段。在带鱼表面撒上一层盐静置约30分钟。然后冲洗掉表面的盐分，切成10~15厘米的大小，在幽庵酱汁中浸泡20分钟。将带鱼串成卷状的烤串，涂上2~3遍幽庵酱汁后，放在火上烤干。

6. 在带鱼上撒上山椒粉并摆盘，将蛇笼莲藕、白瓜干、石耳作为配菜。

➡ P61

【烧烤物】②

盐烤鲇鱼
甜醋渍生姜
甜煮番薯 蓼醋

材　料　四人份

鲇鱼（18厘米） …………… 4条
生姜 ………………………… 4块
番薯 ………………………… 1/2个
栀子 ………………………… 1个
番薯汤汁
| 水 …………………………… 200毫升
| 细砂糖 ……………………… 80克
蓼醋

蓼菜 …………………… 30克
米饭 ……………………4大勺
盐 ……………………1/2小勺
蒸馏酒 ………………… 30毫升
醋 ……………………100毫升

甜醋（见第129页“醋渍野姜”）

做法

1. 用湿毛巾擦拭生姜的白色根部，除去薄皮和变色的部分。之后将其切成适当的长度，在热水中焯过之后，撒上一层盐，然后冷却。冷却后直接将其放入甜醋中（甜醋渍生姜）。

2. 制作甜煮番薯。除去番薯皮，将其切成7毫米厚度的圆片。在加入栀子的水中煮过之后，将其泡在冷水中。在锅里放入番薯汤汁和番薯，煮大约5分钟，然后静置冷却。

3. 制作蓼醋。将蓼菜放在研钵中捣碎，加入泡软的米饭，充分搅拌之后进行过滤。然后加入盐、蒸馏酒和醋。

4. 鲇鱼用水洗净之后擦干水。将其串成一串，将3串组合成一大串。如果流出血水，就将全体用水快速清洗，然后擦干水。在鲇鱼两面撒上少许盐之后，用大火烤。

5. 在食器中放入鲇鱼、生姜和番薯，然后添上蓼醋。

➡ P62

【拼盆】①

烤鳗鱼葫芦卷

烧痕家山药

干香菇 裙带菜 荷兰豆

山椒芽

材料 四人份

●烤鳗鱼葫芦卷

鳗鱼（120克） ………………2条
土当归 ……………………1/4根
葫芦条 …………………… 20克
汤汁
高汤 ………………… 900毫升
酒 …………………… 50毫升
砂糖 …………………… 25克
味醂 …………………… 45毫升
盐 …………………… 少量
淡味酱油 ……………… 15毫升
浓味酱油 ……………… 15毫升

●烧痕家山药

家山药 ……………………1/5根
汤汁
高汤 ………………… 600毫升
酒 …………………… 20毫升
味醂 …………………… 20毫升
砂糖 ……………………1大勺
盐 ……………………1/2小勺
淡味酱油 ……………… 15毫升
鲣鱼片 ……………………5克

●甜煮干香菇（见第128页“混盛”）

●裙带菜 荷兰豆

裙带菜（干燥） ………………5克
荷兰豆 …………………… 50克
配料
高汤 ………………… 400毫升
味醂 …………………… 30毫升
盐 …………………… 少量
淡味酱油 ……………… 25毫升
山椒芽 …………………… 12片

做法

1. 制作**烤鳗鱼葫芦卷**。将葫芦条泡在水中约10分钟左右，使其充分吸收水分，然后将表面擦干，撒上大量的盐，进行揉搓。之后将其直接放入热水中煮，待其充分膨胀之后，捞出来擦干表面的水，然后摊开冷却。在锅中倒入汤汁煮沸，然后取适量汤汁煮葫芦条，煮约10分钟之后，静置冷却。将土当归切成1厘米的方形条状，然后用盐煮。在冷水中浸泡过后，擦干表面的水。将土当归用适量汤汁短暂煮一会儿，然后冷却使其入味。将鳗鱼串成串，不加任何佐料烤制，然后切成和土当归一样的条状。将鳗鱼和土当归每2条绑在一起，用葫芦条卷成直径4厘米左右的筒状大小之后，用竹皮系结。将其放入剩下的汤汁中，开火煮至沸腾之后换成小火，再煮约10分钟。然后静置冷却，使其入味。

2. 制作**烧痕家山药**。将家山药去皮，用喷枪烧制表面直至有烧痕出现，然后切成1厘米大小。用淘米水将山药煮过之后，用水洗净。在锅中加入高汤、酒、味醂、砂糖、家山药，开火煮至沸腾之后，加入鲣鱼片煮约5分钟。加入盐、淡味酱油之后再煮5分钟。然后静置冷却，待其入味。

3. 制作甜煮干香菇（见第128页“混盛”）。

4. 将裙带菜和荷兰豆的配料混合煮开，然后加水冷却。将泡发的裙带菜切成适当的大小。加盐之后快速在热水中焯过，使其显色。待其冷却之后，和配料混合，使其入味。

5. 再次加热各个食材。在食器中摆入切成2厘米长的烤鳗鱼葫芦卷、烧痕家山药，然后放上香菇、裙带菜、荷兰豆，再将山椒芽放在顶端。

➡ P63

【拼盆】②

印笼鳗

豆腐皮 豆角

花椒芽 生姜丝

材料 四人份

●印笼鳗

鳗鱼（250克） ………………2条
汤汁
酒 ………………… 400毫升
白色粗砂糖 ……………… 20克
味醂 …………………… 50毫升
浓味酱油 ……………… 50毫升
大豆酱油 ……………… 15毫升
土生姜丝 ……………… 20克

●甜煮豆腐皮

豆腐皮 ……………………1/2束
汤汁
高汤 ………………… 300毫升
砂糖 ……………………1/2小勺
味醂 …………………… 30毫升
盐 …………………… 少量
淡味酱油 ……………… 30毫升

●豆角

豆角 …………………… 20根
配料（参照上个食谱中裙带菜和荷兰豆的配料）
土生姜（生姜丝） ………… 30克
山椒芽 …………………… 适量

做法

1. 制作印笼鳗。将鳗鱼切成4厘米长的鱼块，除去内脏之后进行干烤。用大火蒸15分钟之后，除去中骨。在锅中铺入薄板，将鳗鱼排列好，加入含酒汤汁和土生姜丝、白色粗砂糖、味醂，一起用小火煮约10分钟。然后加入浓味酱油和大豆酱油煮约20分钟。之后静置冷却，使其入味。

2. 制作甜煮豆腐皮。将豆腐皮切成易食用的大小，将其在热水中浸泡之后擦干表面的水。将锅内汤汁煮沸，然后加入豆腐皮一起煮。

3. 将豆角的配料煮沸之后冷却。将豆角用盐水煮过之后，放在配料中。

4. 再次加热各种食材。在食器中摆入印笼鳗，加上豆腐皮、豆角。将生姜丝和山椒芽混合，以天盛式摆放。

➡ P64

【炸物】①

茄子和豆腐的煎汤

青辣椒

葱花 萝卜泥 干鲣鱼丝

材料 四人份

贺茂茄子 ……………………1个
绢豆腐 ……………………1块
丁字麸 ……………………4个
青辣椒 ……………………8个
青葱 ……………………3根
萝卜泥 ………………… 200克
干鲣鱼丝 ………………… 适量
煎汤

高汤 …………………… 400 毫升
味醂 …………………… 50 毫升
淡味酱油 ……………… 50 毫升
浓味酱油 ……………… 50 毫升
水溶葛粉 ……………… 适量

做法

1. 制作煎汤。在锅中倒入高汤、味醂，煮至沸腾之后，加入表中剩下的调味料。稍微煮过之后，加入水溶葛粉使其变得黏稠。

2. 将绢豆腐轻轻沥去水分，切成适当大小。茄子去蒂去皮，然后用水清洗之后擦干，切成适当大小。然后用擦菜器擦碎萝卜。将青辣椒也切蒂去籽。

3. 将茄子、青辣椒用 160℃的油炸。将丁字麸薄涂在豆腐上，放置 1~2 分钟后，用 170℃的油炸。

4. 在食器中放入茄子、豆腐、青辣椒，浇上煎汤，再加上青葱、萝卜泥，最后将鲣鱼丝用天盛式摆放在成品的顶端。

➡ P65

【炸物】②

带鱼芦笋卷
鲍鱼炸年糕
花椒盐 柠檬

材料 四人份

带鱼（1.2 千克） ……………… 1 条
绿芦笋 ………………………… 4 根
鲍鱼（450 克） ……………… 1 杯
小麦粉 ………………………… 适量
蛋清 …………………………… 适量
年糕碎（酱油味） …………… 50 克
柠檬 …………………………… 1 个
天妇罗面衣
- 蛋黄 ………………………… 1 个
- 水 …………………………… 200 毫升
- 小麦粉 ……………………… 120 克

花椒盐
- 山椒芽 ……………………… 1/2 盒
- 海带汤 ……………………… 适量
- 盐 …………………………… 适量

做法

1. 制作花椒盐。在海带汤中加盐，山椒芽用火煮至山椒芽浮起小颗粒。在研钵中将山椒芽弄碎。将山椒芽用 150℃的油炸过之后，用毛巾擦去表面的油分，并和盐混合。

2. 将带鱼切成三段。撒上一层盐后，静置 30 分钟。用水冲去表面的盐分，然后擦干水。在保持尾部完整的状态下，竖着将其切成两半，形成纽带状，将肉厚的部分切开。

3. 将绿芦笋的叶鞘除去，剥去硬皮，然后用盐水煮。将芦笋作为芯的部分，用带鱼卷起，两端用牙签固定。

4. 鲍鱼去肠，鲍鱼肉部分撒盐，然后搓洗。切成 5 毫米大小，表面划成格子状。

5. 将鲍鱼和天妇罗面衣混合。

6. 将鲍鱼表面包裹小麦粉和蛋清，撒上细碎的年糕碎之后，用 170℃的油炸。将带鱼芦笋卷的表面蘸上小麦粉，然后包裹上天妇罗面衣，用 170℃的油炸，切成一口大小。

7. 在食器中摆入带鱼芦笋卷和鲍鱼，再加上柠檬、花椒盐。

➡ P66

【炊饭类】

豆饭

材料 四人份

豌豆（带壳） ………………… 1 千克
米 ……………………………… 3 杯
酒 ……………………………… 30 毫升
饭汤
- 海带汤 ……………………… 900 毫升
- 盐 …………………………… 1/2 小勺

做法

1. 将米洗净放在网筛中，放置 30 分钟。

2. 将豌豆从豆荚中取出，清洗。擦干水之后撒适量的盐，混合之后放置约 10 分钟。用水清洗，沥干。

3. 在海带汤中加盐，搅拌使盐溶解。在煮饭锅中放入淘好的米、饭汤、一半的豌豆，然后煮饭。

4. 将剩下一半的豌豆放在加盐的热水中煮至柔软。在锅盖上逐渐加少量冷水，使其冷却之后，除去水分。

5. 饭煮好之后，将一起煮的豌豆取出。将用盐水煮过的豌豆放在饭上，撒上酒，用毛巾盖着，蒸 5 分钟。

➡ P67

【炊饭类】

五目饭
手搓海苔 山椒芽

材料 四人份

鸡腿肉 ………………………… 1/2 片
蒟蒻 …………………………… 1/2 块
胡萝卜 ………………………… 1/4 根
牛蒡 …………………………… 1/2 根
生香菇 ………………………… 4 个
油炸豆腐 ……………………… 1 块
米 ……………………………… 3 杯
烤海苔 ………………………… 两片
山椒芽 ………………………… 适量
酒 ……………………………… 15 毫升
饭汤
- 高汤 ………………………… 800 毫升
- 酒 …………………………… 15 毫升
- 味醂 ………………………… 30 毫升
- 盐 …………………………… 1/2 小勺
- 浓味酱油 …………………… 50 毫升

做法

1. 将米洗净放在网筛中约 30 分钟。

2. 将鸡腿肉切成 1 厘米宽的方形。用热水焯过之后，擦干水。

3. 将蒟蒻切成长条形，撒盐之后放置 5 分钟，用热水煮过之后冷却。将胡萝卜切成长条形。将牛蒡切成小薄片，泡在水中除去涩味。将生香菇切成薄片。将油炸豆腐去油之后，切成长条形。

4. 在煮饭锅中加入淘好的米、配料、饭汤，然后煮饭。

5. 将烤海苔包裹在干燥的漂白棉布中，揉搓后弄碎（手搓海苔）。

6. 米饭煮好之后，在其中撒上酒蒸 5 分钟。然后将所有食材装在碗中，放上手搓紫菜、山椒芽。

➡ P70~71

【八寸】

针鱼、菊花、三叶草拌地肤子 鲍鱼味噌
鳗鱼冻 鸡松风 唐墨玉子 咸鲑鱼子
烤银鲳鱼 烤乌贼 甜煮对虾 栗子土佐煮
炸生麸 鲷鱼菊花寿司 荞麦面 松叶 生姜

材料 四人份

●针鱼、菊花、三叶草拌地肤子

针鱼 …………………………… 2 条
白板海带 ……………………… 2 片
食用菊（黄） ………………… 2 朵
芹菜 …………………………… 1/4 束
地肤子 ………………………… 4 大勺
地肤子配料
- 高汤 ………………………… 100 毫升
- 味醂 ………………………… 10 毫升
- 盐 …………………………… 少量
- 淡味酱油 …………………… 10 毫升

三杯醋
- 醋 …………………………… 100 毫升
- 高汤 ………………………… 200 毫升
- 淡味酱油 …………………… 35 毫升
- 砂糖 ………………………… 1 大勺

●鲍鱼味噌

鲍鱼（350 克） ……………… 1 杯
鲍鱼味噌底料
- 白粗味噌 …………………… 1 千克
- 赤味噌 ……………………… 200 克
- 酒 …………………………… 100 毫升
- 味醂 ………………………… 100 毫升

●鳗鱼冻

鳗鱼（100 克） ……………… 10 条
土生姜 ………………………… 适量
鳗鱼汤汁（见第 128 页“康吉鳗鱼博多真薯”）

●鸡松风

鸡肉末 ……600克
红汤用味噌 ……15克
山药（泥）……3大勺
食用面包（5毫米厚度）……1片
海带汤 ……50毫升
蛋液（见第130页“碗装汤菜”）……3大勺
鸡蛋 ……4个
砂糖 ……100克
浓味酱油 ……50毫升
大豆酱油 ……50毫升
山椒粉 ……1小勺
松子 ……60克
葡萄干 ……70克
红酒 ……50毫升
蛋黄 ……2个
芥子 ……适量

●唐墨玉子

唐墨干鱼子 ……1/4肚
蛋黄液
蛋黄 ……5个
砂糖 ……1大勺

●咸鲑鱼子

咸鲑鱼子（咸鱼子）……50克
汤底
高汤 ……400毫升
盐 ……1/3小勺
淡味酱油 ……15毫升

●烤银鲳鱼

银鲳鱼（1.2千克）……1/2条
葱白 ……2根
酱汁
酒 ……100毫升
盐 ……1/2小勺
味醂 ……100毫升
淡味酱油 ……100毫升

●烤乌贼

纹甲乌贼（上身）……200克
酱汁
鸡内卵 ……5个
蛋黄 ……2个
生海胆 ……1/2盒

●甜煮对虾

对虾 ……4只
汤汁
高汤 ……400毫升
酒 ……50毫升
盐 ……1/2小勺
味醂 ……75毫升
淡味酱油 ……40毫升

●栗子土佐煮

栗子 ……4个
栀子碎 ……1个
汤汁
高汤 ……500毫升
砂糖 ……2大勺
味醂 ……50毫升
盐 ……少量
淡味酱油 ……25毫升
鲣鱼片 ……5克

●炸生麸

栗生麸 ……1/2根
汤汁
高汤 ……400毫升
味醂 ……50毫升
淡味酱油 ……30毫升

●鲷鱼菊花寿司

小鲷鱼 ……1/4条
海带 ……适量
食用菊（紫）……4个
寿司饭（见第137页“鲭棒寿司”）适量淡醋
醋 ……450毫升
水 ……150毫升
砂糖 ……2大勺
淡味酱油 ……10毫升
海带 ……5厘米方形
甜醋（见第129页“醋拌野姜”）

●荞麦面松叶

荞麦面 ……适量
海苔 ……适量

●甜醋生姜（见第131页“盐烤鲇鱼”）

做　法

1. 制作**针鱼、菊花、三叶草拌地肤子**。将针鱼切成细丝，取出腹骨。用盐水浸泡15~20分钟之后，用白板海带将其包裹，放在冰箱中2~3小时。将食用菊的花瓣摘下，用醋水煮，然后捞出来放在网筛中用水冲洗。芹菜只取用茎的部分，用盐水煮过之后，切成1.5厘米长。将地肤子充分洗净后擦干。放在煮开后冷却的配料中，然后沥干。除去针鱼的皮，斜着切成5毫米的细鱼片。将针鱼、食用菊、芹菜、地肤子混合之后盛盘，浇上三杯醋。

2. 制作**鲍鱼味噌**。将鲍鱼处理干净之后，肉身向上放置。撒上一些酒，用小火蒸约3小时。蒸完之后冷却，然后从壳中取出鲍鱼肉。用手将肠、口、边缘除去。将味噌底料的材料混合，放在有些深度的盘子中。将鲍鱼肉和肠放在味噌底料中，然后放在冰箱中10~12小时。之后，擦去鲍鱼表面的味噌，将其切成薄片。

3. 制作**鳗鱼冻**。制作煮鳗鱼（见第128页“鳗鱼博多真薯”），然后将鳗鱼并列放在蒸笼中，浇入鳀鱼汤汁后冷却。将土生姜切成生姜丝。

4. 制作**鸡松风**。将鸡肉末的一半用少量酒进行煎煮，除去本身的汁水。在研钵中，将煎好的肉和另一半生肉混合，并按顺序加入红汤用味噌、山药泥、用海带汤泡发的食用面包、鸡蛋、砂糖、浓味酱油、大豆酱油、山椒粉，充分搅拌。将用红酒泡发的葡萄干和煎松子混合。将所有食材放在蒸笼中，然后套另一个加了水的锅，用180℃的烤箱进行加热。在成品表面涂上蛋黄液，撒上芥子。最后从蒸笼中取出，切成适当大小。

5. 制作**唐墨玉子**。除去干鱼子表面的薄皮，将其切成细丝。在锅中放入蛋黄和砂糖，用两层锅进行加热。锅底一边慢慢搅拌，一边用火均匀加热。之后将蛋黄液过滤。将其揉成1厘米左右的圆球然后裹上唐墨干鱼子。

6. 制作**咸鲑鱼子**。将处理好的鲑鱼子（见第150页“酱腌鲑鱼子”）放在煮开冷却的汤底中。

7. 制作**烤银鲳鱼**。将银鲳鱼切成三段，撒上一层盐之后放置约40分钟。将盐洗去，平切成3毫米的厚度，将鱼皮小心切开。将葱段切成3厘米大小的葱白，串成串之后，用中火烤制，涂2~3遍酱汁之后烤干。

8. 制作**烤乌贼**。将鸡内卵取出，加上蛋黄搅匀，过滤之后加入生海胆。将乌贼表面用刀划开，然后串成串，撒上少许盐之后进行烧烤，烧至稍微变色之后在表面涂上酱汁然后烤干。

9. 制作**甜煮对虾**（见第127页“混盛”）。去除头尾。

10. 制作**栗子土佐煮**。栗子剥皮，调整形状。在锅中加入栀子碎、足够的水和栗子，充分冷却。在锅中加入高汤、栗子、砂糖、味醂、鲣鱼片，用小火煮10分钟，然后加入盐、淡味酱油煮5分钟。然后静置冷却，使其入味。

11. 制作**炸生麸**。将生麸切成适当的大小，用175℃的油炸。在锅中将汤汁煮开，然后煮制炸生麸。

12. 制作**鲷鱼菊花寿司**。将小鲷鱼切成三段，撒上盐之后放置约1小时。

除去带血的骨头，用水充分洗净之后，在醋中泡10分钟，然后放在网筛中将其沥干。用海带包裹小鲷鱼，在冰箱中放2~3小时。将食用菊的花瓣摘下，用醋水煮过之后用水冲净。然后将水沥干，泡在甜醋中。制作寿司饭（见第136页“鲭棒寿司”）。小鲷鱼斜切成2~3毫米厚度的薄片。充分除去食用菊中的汁水，混合在寿司饭中。将寿司饭揉成一口大小的饭团，放上醋渍小鲷鱼，裹成圆形之后调整形状。顶端放上食用菊。

13. **荞麦面松叶**是由2根茶荞麦面将海苔包裹，然后进行油炸而成。生姜放在甜醋中做成甜醋渍姜（见第131页“盐烤鲇鱼”）。

➡ P72~73

【点心食盒】

松茸焯菊菜 伊达鸡蛋卷 幽庵烤秋鲑鱼花藕
小芋头、酱炸栗麸 烧痕栗蜜煮
干海参炸熟糯米粉
珠芽松叶 酒煮对虾 鳗鱼卷
番薯栂尾煮 煮南瓜
荷兰豆 红叶麸 萩饭 鰤鱼棒寿司 生姜

材 料 四人份

●松茸焯菊菜

松茸 ……1/2 根
菊菜 ……1/2 束
柚子皮 ……1/4 张
汤底
　高汤 ……240 毫升
　味醂 ……30 毫升
　盐 ……少量
　淡味酱油 ……20 毫升

●伊达鸡蛋卷

虾末 ……100 克
白身鱼末 ……200 克
鸡蛋 ……12 个
砂糖 ……80 克
蜂蜜 ……1 大勺
酒 ……15 毫升
味醂 ……15 毫升
盐 ……少量
色拉油 ……少量

●幽庵烤秋鲑鱼 花藕

鲑鱼 ……200 克
柚子丝 ……少量
莲藕 ……1/4 节
幽庵酱料（见第 131 页“幽庵烤带鱼”）
甜醋（见第 127 页“烧鲈鱼段”）

●小芋头、酱炸栗生麸

小芋头 ……4 个
栗生麸 ……1/4 根
芥子 ……少量
山椒芽 ……4 片
小芋头的汤汁（见第 127 页“煮芋头”）
赤田乐味噌
　红汤用味噌 ……100 克
　白味噌 ……50 克
　酒 ……150 毫升
　砂糖 ……50 克
　蛋黄 ……1 个
白田乐味噌（见第 130 页“魁蛤芥末醋味噌拌菜”白练味噌）
煮栗麸的汤汁
　高汤 ……400 毫升
　味醂 ……30 毫升
　淡味酱油 ……30 毫升

●烧痕栗蜜煮

栗子 ……4 个
栀子 ……1 个
糖浆
　水 ……600 毫升
　砂糖 ……200 克

●干海参子炸熟糯米粉 珠芽松叶

海参子 ……1 片
蛋清 ……适量
糯米粉 ……适量
珠芽 ……12 个

●酒煮对虾

对虾（30 克） ……4 只
汤汁
　酒 ……200 毫升
　水 ……200 毫升
　盐 ……12 克
　海带 ……5 克

●鳗鱼卷

鳗鱼（80 克） ……2 条
豆角 ……12 根
鳗鱼汤汁（见第 128 页“康吉鳗鱼博多真薯”）

●番薯栂尾煮（见第 131 页“盐烤鲇鱼”甜煮番薯）

●煮南瓜

菊南瓜 ……1/8 个
汤汁
　高汤 ……400 毫升
　酒 ……20 毫升
　砂糖 ……2 大勺
　味醂 ……15 毫升
　淡味酱油 ……15 毫升
　浓味酱油 ……15 毫升

●荷兰豆 红叶麸

荷兰豆（见第 132 页“拼盆”①） ……12 片
红叶生麸 ……1/2 根
红叶生麸的汤汁（见上述“炸栗麸的汤汁”）

●萩饭

虾（带壳） ……200 克
银杏果 ……10 个
胡萝卜 ……30 克
蟹味菇 ……30 克
小豆 ……适量
米 ……3 杯
萩饭汤
　高汤 ……800 毫升
　味醂 ……15 毫升
　盐 ……1/2 小勺
　淡味酱油 ……40 毫升

●鰤鱼棒寿司 生姜

鰤鱼 ……1 条
白板海带 ……1 片
寿司饭（见第 137 页“鲭棒寿司”）
淡醋（见第 134 页“鲷鱼菊花寿司”）
生姜（见第 131 页“盐烤鲇鱼”）

做 法

1. 制作**松茸焯菊菜**。将汤底煮开后冷却。菊菜只留下叶子的部分，用盐水煮过之后，用冷水冷却。沥干水后，切成适当的长度，放在汤底中。松茸除去根部，快速洗净后擦干。撒上盐之后直接用火烤。用手掰开之后，和菊菜一样放在汤底中。柚子皮切碎，用水洗净后沥干（柚子丝）。

2. 制作**伊达鸡蛋卷**。在研钵中放入虾末和白身鱼末，捣至变软。加入蛋液之后继续搅拌，然后按顺序加入其他材料并搅拌，再过滤。在煎蛋锅中放入少量色拉油加热，倒入刚才准备好的原料，用小火煎至两面都是一样的颜色。从锅中将蛋卷取出之后，用卷帘卷起，然后静置冷却，切成适当的大小。

3. 制作**幽庵烤秋鲑鱼和花藕**。将莲藕做成花的形状，用水煮过之后，在甜醋中浸泡 6 小时。将鲑鱼切成 3 片，撒上一层盐之后静置 1 小时。用水洗净之后擦干表面的水，切下大约 50 克鱼肉，在幽庵酱料中泡 15 分钟。将鲑鱼串成串，用中火烤，并反复涂抹 2~3 遍酱汁，然后烤干。撒上柚子丝。

4. 制作**小芋头、酱炸栗生麸**。制作赤田乐味噌。在锅中放入所需材料然后用小火煮，慢慢煮至黏稠。用同样的方法制作白田乐味噌。制作煮芋头（见第 128 页）。将栗生麸切成 2 厘米的三角形，用 170℃的油炸制。将栗生麸和汤汁混合之后继续煮制。将芋头重新加热，放上赤田乐味噌，撒上芥子。将生粟麸重新加热，放上白田乐味噌。最后放山椒生芽。

5. 制作**烧痕栗蜜煮**。栗子去皮，用喷枪烧至变色，用加入栀子的水煮过之后，泡在冷水中冷却。

在锅中放入糖浆，煮开之后放入栗子，用小火煮 10 分钟，静置冷却之后放 1 天。在糖浆中加入 50 克砂糖，煮开以后静置冷却，放 1 天。

6. 制作**干海参子炸熟糯米粉和珠芽松叶**。将海参子切成 4 厘米长的三角形，一部分裹上蛋清，一部分裹上糯米粉。用 160℃的油炸。珠芽用 160℃的油炸过之后去皮，撒上一层盐之后用松叶串起。

7. 制作**酒煮对虾**。对虾除去头和虾线。在锅中将汤汁煮开，将对虾用小火煮 3 分钟，然后锅中放入冷水，收汁。之后剥去虾壳。

8. 制作**鳗鱼卷**。将豆角用盐水煮。除去鳗鱼的背鳍，并且除去它的黏液。切去鳗鱼头部，除掉腹骨之后，用水洗净。将 6 根豆角绑在一起，放在鳗鱼皮上，从尾部将其卷起，然后用竹皮绑住。将鳗鱼汤汁煮开之后，放入鳗鱼，用中火煮20分钟，除去涩味。然后切成适当的大小。

9. 制作**番薯梅尾煮**。将番薯带皮切成4厘米的长度，竖着切成四等份。用清水煮了之后，再用汤汁继续煮（见第131页甜煮番薯）。

10. 制作**煮南瓜**。将菊南瓜切成梳子形，剥皮的时候稍微留下一部分。在锅中加入高汤和酒，混合之后加入南瓜，盖上盖子之后开火。等南瓜软到竹串能轻易穿过去的时候，加入砂糖、味醂，煮10分钟，然后加入淡味酱油、浓味酱油，再煮20分钟。静置冷却之后，包在布巾里面拧干。

11. 将**红叶生麸**的汤汁倒入锅中，加入红叶生麸煮，然后冷却。切成适当的大小。

12. 制作**萩饭**。将米洗净之后放在网筛中，放30分钟。将小豆洗净后，加入足量的水，煮10分钟。等锅中的水变色了之后，将水倒掉。然后将小豆和新加入的水一起倒入锅里，用小火煮至柔软，再加入少量的盐，静置冷却。除去虾的头部和虾线，在热水中将虾焯过之后，放在冷水中冷却。将虾壳剥去，对半切开。将银杏果去壳，竖着对半切开。将胡萝卜切成5毫米的方形，用盐水煮。将蟹味菇的根部切去，用水洗净。在煮饭锅中加入洗净的米、虾、胡萝卜、蟹味菇和萩饭汤，煮好之后加入银杏果和除去汁水的小豆，再蒸15分钟。将全体混合，做成草包的形状。

13. 制作**鰤鱼棒寿司**。将鰤鱼切成三片，撒上充分的盐之后放置40分钟。将腹骨和带血的骨头除去，用水将表面的盐冲洗干净，然后在淡醋中浸泡10分钟，再放入网筛中沥干。用白板海带包裹鰤鱼，在冰箱中放5小时。制作寿司饭。（见第137页“鲭棒寿司”）将鰤鱼肉身较厚的地方削薄。将带皮面朝下，放在拧紧的布巾上，然后在肉身较薄的地方放上刚削下的鰤鱼肉。将鰤鱼捏成棒状之后，在上面放上寿司饭，调整形状。最后切成适当的大小。

➡ P74~75

【白木曲轮便当】

第一层

小芋头、白木耳、豆角加芝麻酱

三文鱼卷 对虾酒盗煮 鳕鱼千张卷

味噌烤鱼 煮虾芋 小仓莲藕

甜煮鸡丸 甜煮干香菇

花百合根 荷兰豆 柚子

第二层

海胆鸡蛋卷

鲇鱼香鱼子烧 鸡肝生姜煮

鲭棒寿司 菊花蔓菁

生姜 醋腌生姜

材料 四人份

第一层

●小芋头、白木耳、豆角加芝麻酱

煮小芋头（见第127页“混盛”）

白木耳 …… 2片

豆角 …… 4根

八方汤底（见第132页“拼盆”① 海带和荷兰豆的配料）

芝麻酱

- 芝麻 …… 4大勺
- 砂糖 …… 10克
- 味醂 …… 5毫升
- 淡味酱油 …… 10毫升

●三文鱼卷

熏三文鱼 …… 12片

芜菁 …… 1个

甜醋（见第127页“烧鲈鱼段”）

●对虾煮酒盗

对虾（25克） …… 4条

酒盗 …… 50克

汤汁

- 高汤 …… 300毫升
- 酒 …… 150毫升
- 味醂 …… 5毫升
- 淡味酱油 …… 10毫升

●鳕鱼千张卷

鳕鱼（中） …… 20条

千张 …… 4片

小芦笋 …… 12根

胡萝卜 …… 1/4根

●味噌烤鱼

大翅鲪鲉 …… 1/2条

味噌酱汁

- 白粗味噌 …… 500克
- 甜酒 …… 65克
- 蒸馏酒 …… 150毫升

●煮虾芋

虾芋 …… 1个

汤汁

- 高汤 …… 800毫升
- 砂糖 …… 2/3大勺
- 味醂 …… 50毫升
- 盐 …… 1大勺
- 淡味酱油 …… 35毫升
- 干虾 …… 5克
- 鲣鱼片 …… 5克

●红小豆莲藕

莲藕 …… 1/2节

红小豆 …… 50克

汤汁

- 高汤 …… 500毫升
- 酒 …… 80毫升
- 砂糖 …… 1大勺
- 味醂 …… 50毫升
- 淡味酱油 …… 10毫升
- 浓味酱油 …… 5毫升
- 干虾 …… 5克

●甜煮鸡丸

鸡丸

- 鸡肉末 …… 150克
- 山药（泥） …… 1大勺
- 蛋白 …… 1/2个
- 盐 …… 少量
- 砂糖 …… 1小勺
- 酒 …… 15毫升
- 淡味酱油 …… 10毫升
- 水溶葛粉 …… 1大勺
- 海带汤 …… 30毫升

汤汁

- 高汤 …… 400毫升
- 味醂 …… 30毫升
- 砂糖 …… 4大勺
- 浓味酱油 …… 50毫升
- 大豆酱油 …… 15毫升

●甜煮干香菇（见第128页“混盛”）

●百合根花

百合根 …… 2个

糖浆

- 水 …… 200毫升
- 砂糖 …… 100克

荷兰豆 （见第132页“拼盆”①）

柚子（见第131页碗装汤菜②柚子丝）

第二层

●海胆鸡蛋卷

鸡蛋卷材料

鸡蛋 …… 3个

高汤 …… 120毫升

味醂 …… 5毫升

淡味酱油 …… 10毫升

盐 …… 少量

生海胆 …… 1/3盒

●鲇鱼香鱼子烧

鲇鱼 …… 2条

白香鱼子 …… 30克

小香鱼子 …… 30克

蛋清 …… 适量

●鸡肝生姜煮

鸡肝 …… 200克

汤汁

- 高汤 …… 300毫升
- 酒 …… 100毫升
- 味醂 …… 35毫升
- 浓味酱油 …… 50毫升
- 土生姜 …… 20克

●鲭棒寿司

鲭鱼 …… 1条

食用菊（黄） …… 4个

白板海带 …… 6片

米 …… 3杯

菊用甜醋（见第129页“醋渍野姜”）

白板海带用的甜醋

醋 ……………………100 毫升
水 ……………………100 毫升
砂糖 …………………… 45 克

淡醋（见第 134 页“鲷鱼菊花寿司”）

寿司醋

醋 ……………………100 毫升
砂糖 …………………… 60 克
盐 …………………… 20 克
海带 …………………5 厘米方形

●菊花蔓菁 生姜 醋腌生姜

芜菁 ……………………1/2 个

芜菁用的甜醋（见第 127 页“烧鲈鱼段”）

醋腌生姜（见第 132 页“盐烤鲇鱼”）

土生姜 …………………… 适量

生姜用的甜醋（见第 129 页“醋渍野姜”）

做 法

第一层

1. 制作**小芋头、白木耳、豆角加芝麻酱**。将芋头煮至柔软。将白木耳泡发，放入八方汤底再煮。将豆角切成 2 厘米长之后用盐水煮，冷却后加入八方汤底。制作芝麻酱。在大碗中加入芝麻，搅拌后加入其他调味料。在食器中盛入小芋头、白木耳、豆角，然后浇上芝麻酱。

2. 制作**三文鱼卷**。将芜菁旋切成 2 毫米的厚度，在盐水中将芜菁泡制柔软之后，沥干，泡入甜醋中。将熏三文鱼切成 1 厘米方形。然后用在甜醋中泡过的芜菁将三文鱼卷起。

3. 制作**对虾煮酒盗**。将酒盗用适量的酒（超出菜单中的量）洗净，除去少量盐分。将酒盗和汤汁一起煮，沸腾了之后过滤。除去虾头和虾线，然后再和汤汁一起煮。然后将锅底浸在冷水中冷却。最后剥壳。

4. 制作**鳕鱼千张卷**。将鳕鱼切成 3 片，在盐水中浸泡 10 分钟。将小芦笋和胡萝卜切成 4 厘米长的细丝。在千张上放上鳕鱼、芦笋、胡萝卜之后，卷起。

5. 制作**味噌烤鱼**。将味噌汤底的材料混合。将大翅鲪鲉切成 3 片，撒上一层盐之后放置 30 分钟。然后用水洗去表面的盐，在味噌汤底中浸泡一晚。将大翅鲪鲉从味噌汤底中取出，除去表面的味噌，切成适当的大小之后，串成串并烧烤。

6. 制作**煮虾芋**。将虾芋两端切去，剥皮，切成适当的大小之后，浸泡在水中 1 小时。加入淘米水之后用火煮，一直煮到竹串能穿进去的程度。然后再过水。将干虾用水洗净之后沥干。在锅中加入汤汁的高汤、砂糖、味醂，混合之后开火，加入虾芋，沸腾之后，再加入干虾和用纱布包裹的鲣鱼片，盖上纸盖。慢慢开始煮沸的时候，调整火候大小，再煮 5 分钟，然后加入盐、淡味酱油，再煮约 10 分钟，最后关火收汁。

7. 制作**红小豆莲藕**。莲藕去皮，在水中浸泡除去涩味。将红小豆在热水中焯过，除去涩味，然后将红小豆塞满莲藕的孔，用纱布包裹之后用竹皮束好，放在锅里煮至柔软。锅中加入汤汁，再放入干虾和莲藕，用小火充分煮至入味。

8. 制作**甜煮鸡丸**。在研钵中放入鸡丸的所有材料，混合搅拌。将快要沸腾的海带汤混入鹌鹑蛋大小的原材料中。过火了之后放在网筛中，用汤汁煮至入味。

9. 制作**甜煮干香菇**。（见第 128 页“混盛”）

10. 制作**百合根花**。将百合根切成花形，用盐水煮了之后，浇上糖浆。

第二层

11. 制作**海胆鸡蛋卷**。将海胆撒上少许盐之后进行蒸煮。之后在鸡蛋液中混合其他原材料，将摊鸡蛋包裹海胆，在锅中卷起。

12. 制作**鲇鱼香鱼子烧**。将鲇鱼切成 3 片，在盐水中浸泡约 15 分钟。当表面开始变得湿润了之后晾干。将白香鱼子和小香鱼子分别浸泡在水中除去盐分。沥干之后，白香鱼子切成粗碎末，混入小香鱼子，加入蛋清。将鲇鱼轻微烧烤，在表面放入香鱼子，从上方施加火力进行烤制。

13. 制作**鸡肝生姜煮**。将鸡肝切成适当的大小，在水中浸泡除去表面的血丝。在热水中将鸡肝焯过之后，和汤汁的材料一起放入锅中，用小火煮至汤汁只剩一半的量。

14. 制作**鲭棒寿司**。将寿司醋的调味料混合加热，等到砂糖溶化的时候快速关火冷却，加入海带浸泡并静置 1 天。将鲭鱼切成 3 片，撒满盐，放置约 1 小时。然后将盐洗净，除去腹骨和带血骨，在淡醋中浸泡 20 分钟。之后将其放在网筛中沥干，用 4 片白板海带包裹，在冰箱中放一晚。将米清洗干净后放在网筛中，静置 30 分钟。将饭煮至稍微有点儿硬的时候，将其转移到小桶中，加入寿司醋混合之后冷却（寿司饭）。将食用菊的花瓣用醋水浸泡，用水冲洗过之后沥干，然后泡在甜醋中。将鲭鱼皮的头部去除，切下肉身较厚的部分。将寿司饭和鲭鱼混合，调整鲭鱼寿司的形状。在寿司饭中，一半上放一片在甜醋中煮过的白板海带，另一半上面放上在甜醋中浸泡过的食用菊和一片用甜醋煮过的白板海带，然后静置一会儿。

15. 制作**菊花芜菁、生姜、醋腌生姜**。将芜菁切成菊花的形状，在盐水中浸泡至柔软（菊花蔓菁）。擦干水，在甜醋中浸泡 3 小时。“甜醋渍生姜”见第 132 页。将生姜切成薄片，焯水之后撒盐，冷却之后放在甜醋中（“醋渍生姜”）。

享受摆盘

●料理与食器

➡ P76
鲷鱼清汤 土当归 葱丝 山椒芽

材料 四人份

鲷鱼(1.5千克) ………………1条
土当归 ……………………1/6根
水 ……………………… 1000毫升
爪海带 …………………………1片
料酒 ………………………30毫升
葱白 ……………………………2根
山椒芽 ……………………12片

做法

1. 将土当归去皮，切成1.5厘米宽、5厘米长的切片，然后过水。用盐水快速煮过之后，泡在冷水中。

2. 将葱白切成4厘米长度的葱丝。

3. 将鲷鱼头部分为六等份，和主骨等一起放入大碗中，撒上盐放置1小时。在热水中将其煮过之后放到冷水中，除去鳞片、黏液和血液等。

4. 在锅中放入足量的水和鲷鱼、爪海带之后开火。等到沸腾之后，将火调小，等到液体表面有一两处地方开始冒泡的时候，调整火候，边去涩味边煮。等到鲷鱼眼珠完全变白之后，将头部和胸鳍部分捞出，盛在碗里。

5. 将鲷鱼汤汁过滤，然后转移到别的锅里继续加热，品尝一下味道，可以适当加些盐调味。加入料酒，制作汤底。

6. 将土当归放入汤底中加热，再盛入碗中。浇上热腾腾的汤底，并在碗里放上山椒芽和葱白丝。

➡ P76
嫩笋汤 山椒芽

材料 四人份

竹笋 ……………………………1根
裙带菜(生) ………………… 60克
山椒芽 ……………………… 12片
八方汤底、汤底(见第130页“碗装汤菜”①)

做法

1. 煮竹笋。将笋的前端切掉一部分，沿切口竖着将皮切除。在锅中放入充足的水和竹笋、章鱼爪，盖上盖子一起煮。将竹笋煮到从底部能穿入铁丝串的程度之后，捞起冷却。从切口中伸入手指，将皮剥去。用水充分清洗之后切去根部，削去表面不要的部分，调整形状，然后泡在水中除去涩味。

2. 将竹笋和裙带菜煮制入味。将竹笋前端柔软的部分切成小片。生裙带菜除去茎的部分，切成适当的大小。在热汤中焯制裙带菜和竹笋，使其更加显色。然后将它们各自冷却之后放在八方汤底中。

3. 将汤底煮开。将竹笋和裙带菜再次加热之后盛在碗里，浇上热汤。然后将山椒芽放在上端。

➡ P77
淡煮鲷鱼 葱白 山椒芽

材料 四人份

鲷鱼(1.5千克)头部…………2条份
葱白 ……………………………2根
山椒芽 …………………… 1/2盒
鲷鱼汤汁
　酒 ……………………600毫升
　味醂 …………………… 25毫升
　盐 ……………………… 1/2小勺
　淡味酱油 ……………… 10毫升

做法

1. 将鲷鱼头部切下撒盐，在热水中煮过之后洗净(参照上个食谱“鲷鱼清汤”)。

2. 将葱白从细的那端切成薄片。

3. 在锅中放入汤汁，放入鲷鱼头部，用中火煮制以除去涩味。鲷鱼头部的眼珠煮到完全变白之后，加入葱白再煮。

4. 将鲷鱼盛盘，添加白葱，浇入热汤，最后放上山椒芽。

➡ P77
煮嫩笋 款冬 蕨菜 山椒芽

材料 四人份

竹笋 ……………………………2根
裙带菜(生) ………………… 60克
款冬 ……………………………2根
蕨菜 ……………………………8根
山椒芽 ……………………… 12片
竹笋汤汁
　高汤 …………………600毫升
　味醂 …………………… 50毫升
　盐 …………………………少量
　淡味酱油 ……………… 30毫升
　鲣鱼片 …………………………5克
款冬煮汤汁
　高汤 …………………400毫升
　味醂 ……………………15haps
　盐 ……………………… 1/2小勺
　淡味酱油 ………………5毫升
蕨菜配料
　高汤 …………………250毫升
　味醂 …………………… 15毫升
　盐 …………………………少量
　淡味酱油 ………………5毫升

做法

1. 将煮过的竹笋(参照本页的“嫩笋汤”)前端的柔软部分竖着切成4份，根部切成约2厘米大小的半月形。在锅中放入高汤和竹笋，沸腾之后，加入味醂和用纱布包裹的鲣鱼片，盖上盖子，用小火煮约10分钟。加入盐、淡味酱油。煮约10分钟之后关火，收汁(竹笋土佐煮)。

2. 煮裙带菜(参照本页的“嫩笋汤”)。将竹笋汤汁取少量放在其他锅中，然后放入沥干的裙带菜一起煮。

3. 制作款冬煮。将款冬切成能放入锅中的长度，撒盐之后静置5分钟。用加了盐的热水将款冬煮过之后，放入冷水中，从两端除筋。将粗壮的部分切成4~6份，约4厘米长。在锅中加入汤汁煮至沸腾，然后放入款冬一起煮。之后马上取出，放在网筛中用团扇扇，使其快速冷却。汤汁也放凉。等到款冬冷却之后，重新放回汤汁中，使其入味。

4. 将蕨菜用盐拌之后放入锅里，加入草灰和热水，盖上盖子，放至冷却。然后泡在水中除去涩味。擦干水之后，放在冷却的配料中。

5. 将各种材料重新加热，在食器中放入竹笋、裙带菜、款冬和蕨菜，浇上竹笋汤汁，撒上山椒芽。

●一器多用

➡ P78
柿饼三丝

材料 四人份

干柿子 …………………………2个
萝卜 ………………………… 80克
金时胡萝卜 ………………… 15克
水前寺海苔 ………………… 10克
莴笋 ……………………… 1/3根
煎芝麻 …………………… 1大勺
甜醋
　醋 ……………………200毫升
　水 ……………………200毫升
　砂糖 ……………………… 90克
　盐 …………………………少量

做法

1. 将干柿子切丝。在盐水中浸泡约10分钟，然后用网筛捞起沥干。

2. 将萝卜和金时胡萝卜切成同干柿子一样的细丝。

将萝卜浸泡在盐水中约10分钟。金时胡萝卜在热水中焯过之后，浸泡在冷水中，然后用盐水浸泡约10分钟，再沥干水分。

3. 将水前寺海苔泡在水中5~6小时，

使其泡发。之后将其切成细丝，在热水中焯过之后放在冷水中。

4. 将莴笋去皮，切成细丝，用盐水煮。

5. 将干柿子、萝卜、金时胡萝卜、水前寺海苔混合，用甜醋浸泡3~4小时。

6. 在步骤5的三丝中加入莴笋之后盛盘，撒上煎芝麻。

➡ P78

生鲅鱼寿司

材料 四人份

鲅鱼（700克）………………1/2条
白板海带 ………………………2片
黄瓜 ……………………………1根
家山药 …………………………1/4根
珊瑚菜 …………………………4根
淡醋（见第134页"鲷鱼菊花寿司"）
生姜醋
醋 ……………………………100毫升
高汤 …………………………200毫升
淡味酱油 ……………………35毫升
砂糖 …………………………1大勺
生姜汁 ………………………适量

做法

1. 将黄瓜切成薄片，浸泡在盐水中（见第126页"芝麻白醋"）

2. 将家山药去皮，切成4厘米长、5厘米宽高的棒状。将珊瑚菜制作成锚状珊瑚菜（参见第126页）。

3. 将生姜醋的高汤、淡味酱油、砂糖混合，煮至沸腾，然后加入醋和生姜汁之后关火。将锅浸泡在冰水中，使其快速冷却（生姜醋）。

4. 将鲅鱼撒上盐，放置约1小时。除去腹骨和带血的骨头。用水洗过之后除去水分。在淡醋中浸泡约20分钟。用网筛捞起静置沥干。加入海带汤，然后切片。

5. 将鲅鱼摆盘，再放入黄瓜、家山药、锚状珊瑚菜，浇上生姜醋。

*用深盘的话，不用珊瑚菜，而是用生姜泥摆在料理的顶端。

➡ P79

【八寸】
平贝山椒芽烧 魁蛤、小葱芥末醋味噌煎山菜 银鱼煮 油菜
对虾、味噌鸡蛋、黄瓜青竹串
蚕豆烤年糕

材料 四人份

●平贝山椒芽烧
平贝贝肉 ………………………2个
山椒芽 …………………………适量
酱汁
酒 ……………………………50毫升
味醂 …………………………100毫升
浓味酱油 ……………………100毫升
糖稀 …………………………2小勺

●魁蛤、小葱芥末醋味噌 煎山菜
魁蛤 ……………………………2个
小葱 ……………………………1/2束
裙带菜（生）…………………30克
山菜 ……………………………8根
芥末醋味噌（见第130页"魁蛤芥末醋味噌拌菜"）
山菜配料
高汤 …………………………200毫升
味醂 …………………………20毫升
盐 ……………………………少量
淡味酱油 ……………………20毫升

●银鱼煮 油菜
银鱼 ……………………………100克
菜花 ……………………………4根
银鱼汤汁
高汤 …………………………200毫升
酒 ……………………………50毫升
味醂 …………………………30毫升
砂糖 …………………………1/2小勺
淡味酱油 ……………………30毫升
菜花配料
高汤 …………………………250毫升
味醂 …………………………15毫升
盐 ……………………………少量
淡味酱油 ……………………5毫升

●对虾、味噌鸡蛋、黄瓜青竹串
对虾（20克）…………………2只
鸡蛋 ……………………………4个
花丸黄瓜 ………………………1根
对虾汤汁
酒 ……………………………200毫升
盐 ……………………………1/2小勺
味噌底
白味噌 ………………………300克
味醂 …………………………50毫升

●蚕豆烤年糕
蚕豆 ……………………………12粒
蛋白 ……………………………适量
年糕（酱油味）………………适量
甜盐（见第133页"炸物"②）

做法

1. 制作**平贝山椒芽烧**。在锅中将酱汁所需材料混合，煮至沸腾后冷却。只取下山椒芽叶子的部分。将平贝的贝肉除去外皮和筋的部分。切成两片后，表面划成格子状。串成串，然后两面用强火烤。表面干燥之后，在全体涂上两遍酱汁然后烤干。最后在表面撒上山椒芽。

2. 制作**魁蛤、小葱芥末醋味噌**和**煎山菜**。将魁蛤、小葱、芥末醋味噌准备好（见第130页"魁蛤芥末醋味噌拌菜"）。

处理裙带菜使其更加显色（参照上页"煮嫩笋"）。除去山菜外面的皮，在热水中焯过之后，浸泡在水中除去涩味，然后浸泡在山菜配料中约1小时。在平底锅中铺上纸，放入山菜，用小火慢慢煎至干燥（煎山菜）。在魁蛤、分葱、裙带菜中加入芥末醋味噌搅拌。然后摆盘，将煎山菜以天盛式摆放。

3. 制作银鱼煮和油菜。将银鱼在盐水中浸泡10分钟，然后除去水分。在锅中加入汤汁煮至沸腾，放入银鱼，煮至中心温热。然后将锅放在冰水中冷却。将菜花用盐水煮至有嚼头，然后浸泡在冷水中。将菜花擦干水，放入配料中。

4. 制作对虾、味噌鸡蛋、黄瓜青竹串。将对虾除去头和虾线，串成串。在锅中加入汤汁煮沸，用小火煮虾2分钟。然后将锅放在冰水中冷却。将鸡蛋煮成温泉蛋（见第129页"带鱼海带结"）。只取出蛋黄，泡在用纱布包裹的味噌底里5个小时（味噌鸡蛋）。将花丸黄瓜切片，在热水中焯过使其更加显色。将鸡蛋切成四等份，在盐水中浸泡约10分钟。将以上材料用青竹串串起。

5. 制作蚕豆烤年糕。将蚕豆剥壳，取出里面的豆子，剥去豆子表面的薄皮。放入搅匀的蛋清里，撒上年糕碎，用170℃的油炸。炸好了之后撒上甜盐。

➡ P79

【烧烤物八寸】
甘鲷翁烧 花瓣生姜
竹笋、蕨菜拌山椒芽
炸远山鲍鱼 煮鲷鱼子 豌豆

材料 四人份

●甘鲷翁烧 花瓣生姜
甘鲷（1.2千克）……………1/2条
海带薄片 ………………………10克
土生姜 …………………………20克
甜醋（见第129页"醋渍野姜"）
若狭酱
高汤 …………………………200毫升
酒 ……………………………200毫升
淡味酱油 ……………………40毫升
味醂 …………………………40毫升
海带 …………………………3克

○竹笋、蕨菜拌山椒芽
竹笋 ……………………………1根
蕨菜 ……………………………12根
山椒芽 …………………………8片
竹笋汤汁（见第138页"煮嫩笋"）
蕨菜配料
高汤 …………………………100毫升
味醂 …………………………10毫升
淡味酱油 ……………………5毫升
盐 ……………………………少量
山椒芽味噌
白练味噌（见第130页"魁蛤芥末

醋味噌拌菜”）……………100 克
山椒芽 ……………………1/2 盒
着色用绿色（下述）……1/2 小勺
高汤 ……………………… 适量

着色用绿色

菠菜 ………………………1 束
盐 ………………………… 少量
水 …………………… 1000 毫升

●炸远山鲍鱼

鲍鱼（500 克）………………1 杯

鲍鱼汤汁

水 ……………………500 毫升
酒 ……………………100 毫升
味醂 ……………………5 毫升
砂糖 …………………1/2 小勺
淡味酱油 ………………5 毫升
浓味酱油 ……………… 15 毫升
土生姜（薄片）…………… 20 克
有马山椒 ……………… 2 大勺

鲍鱼肝配料

白身鱼末 ……………… 70 克
鲍鱼肝 ………………1 杯量
味醂 ……………………5 毫升
淡味酱油 ……………… 少量
水溶葛粉 ……………… 15 毫升

蚕豆面衣

蚕豆 ……………………… 20 粒
蛋黄 ……………………… 2 个
水 ……………………100 毫升
小麦粉 ………………… 50 克

●煮鲷鱼子 豌豆

鲷鱼子 …………………………2 腹
豌豆 ……………………… 适量

鲷鱼子汤汁

高汤 …………………500 毫升
酒 ……………………100 毫升
味醂 …………………… 80 毫升
盐 …………………… 1/2 小勺
淡味酱油 ……………… 45 毫升
土生姜（切丝）…………… 适量

配料

高汤 …………………300 毫升
味醂 ………………… 30 毫升
盐 ………………………1/3 小勺
淡味酱油 ………………… 5 毫升

做法

1. 制作**甘鲷翁烧和花瓣生姜**。将若狭酱所需材料混合，将海带薄片煎过之后撕成碎片，然后放在网筛中过滤。将甘鲷的腹骨取出，撒上盐之后，静置 40 分钟。除去带血的骨头，用水洗净之后沥干，切开，并串成串进行烧烤。烧制完成之前在甘鲷上反复涂 3~4 遍若狭酱并烤干，表面撒上海带薄片碎。将土生姜切成薄片，削成花瓣形。用热水焯过之后，趁热撒上盐，然后冷却，之后放在甜醋中。

2. 制作**竹笋、蕨菜拌山椒芽**。将煮过的竹笋前端切成 4 份，做成土佐煮（见第 138 页“煮嫩笋”），切成约 5 毫米厚的半月形切片。将蕨菜清洗干净，然后放入到蕨菜配料中（见第 138 页“煮嫩笋”）。然后染绿。只取菠菜叶的部分切碎，加入所需分量的水一起放入搅拌器中搅拌。当其变成黏稠状之后，加入少量的盐和水，过滤之后放入锅里加热。将浮起的绿色物体取出，放在用布巾包裹的过滤器中，过滤出水。用团扇扇动，使其快速冷却（着色用绿色）。制作山椒芽味噌。将山椒芽放入研钵中，捣碎。加入白练味噌，混合搅拌，然后加入着色用绿色进行染色。加入适量的高汤调节颜色。在大碗中加入竹笋、蕨菜，除去汤汁之后搅拌在一起，然后加入山椒芽。最后进行摆盘，并将山椒芽用天盛式摆放。

3. 制作**炸远山鲍鱼**。将鲍鱼处理干净，除去肠、口和边缘部分。在锅中放入鲍鱼、适量的水、酒、土生姜的薄切片，然后用小火煮约 2 个小时（中途如果水不够的话可以添加）。将鲍鱼煮柔软了之后，加入味醂和砂糖，煮大约 10 分钟。然后加入淡味酱油、浓味酱油、有马山椒之后，煮大约 5 分钟，关火。静置冷却，使其入味。制作鲍鱼肝配料。将鲍鱼肝用热水焯过之后过滤。在研钵中按顺序放入白身鱼末、鲍鱼肝、味醂、淡味酱油、水溶葛粉，并搅拌。将鲍鱼放在鲍肝配料中，用小火蒸 15 分钟。制作蚕豆皮。将蚕豆的豆粒取出，除去表面的薄皮。用盐水将蚕豆煮过之后放在冷水中冷却，然后过滤。在充分冷却的容器中加入蛋黄和冷水，搅匀。加入发好的小麦粉、过滤之后的蚕豆，充分混合。将鲍鱼裹上蚕豆面衣，用 170℃的油炸。

4. 制作**煮鲷鱼子和豌豆**。将鲷鱼子放在盐水中轻微洗净，切成适当的大小。将其加入快要沸腾的水中，煮大约 2 分钟，然后放入冷水中冷却。在锅里将汤汁煮至沸腾，放入鲷鱼子、土生姜丝，用小火煮 15 分钟。静置冷却，使其入味。将豌豆洗净（见第 133 页“豆饭”），用加盐的热水煮至柔软。将其放入冷水中冷却，然后剥去表面的豆皮。在锅中将配料煮开然后冷却，放入豌豆。

➡ P80

【烧烤物】

盐烤筏状鲷鱼 烤花蛤

红豆饭 醋渍莲藕

材料 四人份

鲷鱼（800 克）………………1 条
生海胆 ………………………1/2 箱
花蛤 ……………………………4 个
蛋白 ………………………… 适量
莲藕 ………………………… 80 克
黑芝麻 ……………………… 20 克
红豆饭（下述）……………100 克

糯米 ……………………………3 杯
红小豆 ……………………200 克

酒盐

酒 ……………………100 毫升
水 ……………………400 毫升
盐 ………………………… 12 克

甜醋（见第 127 页“烧鲈鱼段”）

若狭酱（见前页“甘鲷翁烧”）

做法

1. 制作醋渍莲藕（见第 134 页“点心食盒”）。

2. 制作红豆饭。将洗净的糯米在水中泡一晚上，使其泡发。将红小豆用水煮大约 5 分钟，然后换水，再煮至柔软。将水过滤之后冷却红小豆，然后将红小豆放入沥干的糯米中，静置 3 小时。将糯米中的水擦干，然后用中火蒸至柔软。在蒸好了的糯米中加入酒盐和红小豆，混合之后，蒸约 5 分钟。

3. 制作烤花蛤。将花蛤肉从壳中取出，将肉身部分划开之后放回壳中。将壳盖上之后，在表面涂上蛋清，撒上大量的盐，然后放在网上，烤至盐完全变干。

4. 将鲷鱼带头洗净，切成 3 片，除去腹骨。撒上一层盐，静置约 1 小时。除去带血的骨头，然后用水洗净，将背面和腹部分开，切成 4 厘米大小。将鲷鱼连带头尾用两根签串起。在鳍上涂满盐进行烤制。

在鲷鱼上涂 2~3 遍若狭酱，烤至变干。一半的肉身涂上海胆，剩下的一半放上黑芝麻，然后用大火烤制海胆部分。

5. 在食器中将鲷鱼进行筏盛，然后摆上烤花蛤、红豆饭、醋渍莲藕。

➡ P80

【点心】

竹香鲷鱼寿司

玉子烧

甜煮对虾

樱煮章鱼

樱生麸

鳟鱼山椒芽味噌烧

芹菜芦笋拌土当归

材料 四人份

●竹香鲷鱼寿司

竹香鲷鱼 ……………………2 条量

寿司饭（见第 137 页“鲭棒寿司”）

淡醋（见第 134 页“鲷鱼菊花寿司”）

●玉子烧

鸡蛋 ………………………… 12 个
高汤 …………………………480 毫升
味醂 ………………………… 15 毫升
淡味酱油 …………………… 30 毫升
盐 ………………………… 1/4 小勺
色拉油 ……………………… 少量

●甜煮对虾

对虾（30 克）……………………4 只

汤汁

高汤……………………200 毫升

酒……………………60 毫升

味醂……………………60 毫升

砂糖……………………1 小勺

淡味酱油……………………10 毫升

盐……………………少量

●樱煮章鱼

章鱼……………………2 杯

汤汁

高汤……………………300 毫升

酒……………………50 毫升

糖稀……………………1 小勺

味醂……………………50 毫升

浓味酱油……………………45 毫升

大豆酱油……………………15 毫升

●樱生麸

樱生麸……………………1/2 根

汤汁（见第 135 页“点心食盒”炸粟麸的汤汁）

●鳟鱼山椒芽味噌烧

鳟鱼……………………1/2 条

山椒芽味噌烧（见第 139 页“竹笋、蕨菜拌山椒芽”）

●芹菜芦笋拌土当归

芹菜……………………1 束

芦笋……………………4 根

土当归……………………1/4 根

鲣鱼丝……………………适量

配料

高汤……………………250 毫升

味醂……………………15 毫升

盐……………………少量

淡味酱油……………………5 毫升

做法

1. 制作竹香鲷鱼寿司。将竹香鲷鱼浸泡在淡醋中 10 分钟，然后用网筛打捞起来，沥干。在鱼皮表面划出格纹。取适量寿司饭，放在鲷鱼上方，调整形状。

2. 制作玉子烧。在高汤中加入各种调味料混合，加入鸡蛋液。加热煎蛋锅，倒入少量色拉油，放入鸡蛋材料，卷起。反复操作 2~3 遍。煎完之后，将其竖着对半切开，然后放在卷帘上调整形状，最后切成适当的大小。

3. 制作甜煮对虾（见第 128 页“混盛”）。

4. 制作樱煮章鱼。将章鱼的内脏处理干净，切去眼睛和足部。除去足部的边缘，在热水中焯过之后，放在冷水中冷却。将汤汁煮开之后，放入身体部分，一起煮约 5 分钟，然后放入足部，再煮 5 分钟。之后冷却收汁。

5. 制作樱生麸。将樱生麸在汤汁中快速煮过之后，切成适当的大小。

6. 制作鳟鱼山椒芽味噌烧。制作山椒芽味噌（参照第 139 页）。将鳟鱼切成三片，取出腹骨。撒上一层盐，静置约 30 分钟。除去带血的骨头，将盐洗净。将身体切成 4 厘米的大小，用签串起。表面烤至漂亮的颜色后涂上山椒芽味噌，然后烤至有烧痕。

7. 制作芹菜芦笋拌上当归。将芹菜在盐水中焯过之后放在冷水中冷却，切成 3 厘米长。将芦笋切成 3 厘米长，竖着切成四等份，用盐水煮过之后放在冷水中冷却。将土当归去皮，切成 3 厘米长度的细丝，用盐水煮过之后放在冷水中冷却。将茎芹菜、芦笋、土当归放在配料中。然后进行摆盘，将鲣鱼丝以天盛式摆放。

➡ P81

【烧烤物】

伊势虾二见烧楤芽

材料 四人份

伊势虾（500 克）……………………2 只

生海胆……………………120 克

楤芽……………………8 根

黄油酱汁……………………100 克

澄清黄油……………………30 毫升

浓味酱油……………………15 毫升

做法

1. 制作澄清黄油。将黄油完全融化，然后只取上层的液体。

2. 将伊势虾的头和身体切开。将身体部分竖着对半切开，除去虾线。将身体从壳中取出，用水洗净。切成四等份。

3. 嫩芽切除根部硬的部分。

4. 在充分加热的平底锅中加入澄清黄油。加入嫩芽，用大火烤，取出之后撒上一层盐。加入伊势虾，将表面烤过之后取出。将伊势虾放回壳中，然后放上生海胆。浇上酱汁，用大火烤生海胆。

5. 将伊势虾摆盘，添上嫩芽。

➡ P81

【煮物】

章鱼煮 生姜丝

材料 四人份

章鱼（800 克）……………………1 杯

土生姜……………………30 克

汤汁

高汤……………………800 毫升

酒……………………100 毫升

砂糖……………………3 大勺

味醂……………………30 毫升

糖稀……………………1 大勺

浓味酱油……………………40 毫升

大豆酱油……………………20 毫升

海带……………………适量

鲣鱼片……………………5 克

做法

1. 将章鱼用水洗净，涂上盐，用手揉搓之后，用水洗净。将章鱼足部两条两条地切开，用萝卜轻轻敲打，打散纤维。在热水中煮过之后，放入冷水中冷却。

2. 将土生姜切丝。

3. 在锅中放入高汤和各种调味料，放入章鱼、海带、鲣鱼片，用小火煮 40~50 分钟。煮好了之后取出章鱼，继续用小火将汤汁煮至三分之二，然后关火冷却。将章鱼倒回锅中，使其入味。

4. 将章鱼足部一条一条切开，然后摆盘，最后将生姜丝以天盛式摆放。

➡ P82

【拼盘】

春日蔬菜组合

竹笋 款冬 蕨菜 土当归 山椒芽

材料 四人份

竹笋……………………2 根

款冬……………………2 根

蕨菜……………………12 根

土当归……………………1 根

山椒芽……………………适量

竹笋汤汁（见第 138 页“煮嫩笋”）

款冬汤汁（见第 138 页“煮嫩笋”）

蕨菜配料（见第 140 页“竹笋、蕨菜拌山椒芽”）

土当归汤汁

高汤……………………400 毫升

味醂……………………30 毫升

盐……………………少量

淡味酱油……………………25 毫升

做法

1. 将竹笋和款冬处理干净之后用清水煮。

2. 将蕨菜处理干净后放在蕨菜配料中。

3. 将土当归切成直径 1.5 厘米、长度 4 厘米的段状，用盐水煮过之后放在冷水中冷却。在锅中将汤汁煮至沸腾，放入土当归煮一会儿。然后静置冷却，使其入味。

4. 将竹笋、款冬、蕨菜、土当归各自重新加热，然后盛盘。浇上竹笋的汤汁，最后将山椒芽以天盛式摆放。

➡ P82

【炸物】

油炸鸡块

炸款冬花茎 酸橘 甜盐

材料 四人份

六线鱼（400克） ……2条
款冬花茎 ……4个
酸橘 ……2个
甜盐（见第133页“炸物”②）

做法

1. 将六线鱼切成3片，取出腹骨。将带皮侧朝下，留出约3毫米的间隙，切下骨头和肉身。将鱼肉切分成3段，用刷毛涂上一层薄薄的小麦粉，用175℃的油炸。然后趁热撒上甜盐。

2. 将款冬花茎用165℃的油炸。然后趁热撒上甜盐。

3. 在食器中铺上和纸，摆放上六线鱼和款冬花茎，然后放上一半的酸橘。

●同种料理，不同食器

➡ P83

【刺身】①

鲷鱼松皮刺身 金枪鱼刺身

紫苏花穗 柏树果冻 青芥末 土佐酱油

材料 四人份

鲷鱼（1.2千克） ……1/2条
金枪鱼 ……300克
紫苏花穗 ……8根
青芥末 …… 适量
柏树果冻（见第126页“平”）
土佐酱油（见第126页“平盛”）

做法

1. 制作鲷鱼松皮刺身。将鲷鱼用水洗净，切成3片，除去腹骨。将带皮侧向上摆放，盖上纱布。从纱布上方浇热水，然后将鲷鱼马上放到冰水中冷却，之后擦干。将鱼平切成刺身。

2. 将金枪鱼平切成刺身。

3. 在食器中摆入鲷鱼松皮刺身、金枪鱼刺身、紫苏花穗、柏树果冻、青芥末泥（见第126页），最后添上土佐酱油。

➡ P83

【刺身】②

鲷鱼松皮刺身 金枪鱼刺身

松菜 水前寺海苔 土生姜 青芥末 土佐酱油

材料 四人份

鲷鱼（1.2千克） ……1/2条
金枪鱼 ……300克
松菜 ……1/2束
水前寺海苔 ……3厘米方形
土生姜 …… 30克
青芥末 …… 适量
土佐酱油（见第126页“平盛”）

做法

1. 将松菜在热水中煮过之后，泡在冷水中。之后沥干，只取用叶子的部分。将水前寺海苔浸泡在水中5~6小时使其泡发，在热水中焯过之后泡在冷水中，之后切成适当的大小。将土生姜捣成泥。

2. 将鲷鱼切成刺身（参照上个食谱）。将金枪鱼平切为刺身。

3. 在食器中摆入鲷鱼、金枪鱼、松菜、水前寺海苔、生姜泥、青芥末泥（见第126页），最后添上土佐酱油。

➡ P84

【刺身 前菜】

平贝霜烤刺身 魁蛤

甘草芽 青芥末 淡酱油

材料 四人份

平贝 ……4个
魁蛤 ……4个
甘草芽 ……8根
青芥末 …… 适量
淡酱油
- 土佐酱油（见第126页“平盛”） ……100毫升
- 蒸馏酒 ……100毫升

做法

1. 将土佐酱油和蒸馏酒混合，制作成淡酱油。将甘草芽处理干净之后，用盐水煮，然后放入冰水中。

2. 除去平贝的薄皮和筋。在加热的平底锅中煎至两面变色，然后放入冰水中。将魁蛤从壳中取出，处理干净。然后在肉身部分涂满盐，揉搓之后洗净沥干，在表面切下2毫米的划痕。

3. 在食器中摆入平贝、魁蛤、甘草芽、青芥末泥（见第126页），最后添上淡酱油。

➡ P84

【刺身 盘盛】

平贝霜烤刺身 魁蛤

甘草芽 青鸡冠菜 青芥末 生姜酱油沙拉汁

材料 四人份

平贝 ……4个
魁蛤 ……4个
甘草芽 ……4根
青鸡冠菜 …… 适量
青芥末 …… 适量
生姜酱油沙拉汁
- 醋 …… 50毫升
- 高汤 …… 50毫升
- 无酒精味醂 …… 35毫升
- 浓味酱油 …… 35毫升
- 色拉油 …… 35毫升
- 生姜汁 …… 10毫升

做法

1. 将生姜酱油沙拉汁的原材料混合。平贝、魁蛤、甘草芽的处理参照上个食谱。将青鸡冠菜切成适当大小之后泡在水中。

2. 在食器中摆入平贝、魁蛤、甘草芽、青鸡冠菜、青芥末泥（见第126页），最后浇上生姜酱油沙拉汁。

●套盒的装法

➡ P86

【第一层 <庆祝菜肴>】

●卷干鱼子

材料 四人份

干鱼子（160克） ……1/2条量
乌贼切片 ……100克
酒糟底
- 熟酒糟 ……250克
- 酒糟 ……250克
- 黑砂糖 …… 50克
- 蒸馏酒 …… 80毫升

做法

1. 将干鱼子浸泡在酒中，然后用硬布巾包裹一晚。剥去外面的薄皮。将细碎的黑砂糖、蒸馏酒、熟酒糟、酒糟混合在一起，制作酒糟底。

2. 将加了少量盐的乌贼切片裹在干鱼子周围约3毫米厚。用80℃的热水焯5秒左右，然后捞起冷却。用纱布包裹，在酒糟底中放置3日。之后切成5毫米的厚度。再用乌贼切片将干鱼子卷起。

●二见蒸鲍

材料 四人份

鲍鱼（500克） ……1杯
鲍鱼汤汁、肝配料（见第140页“炸远山鲍”）

做法

1. 将鲍鱼处理干净之后用水煮。将鲍鱼肝用热水煮过之后，制作肝配料（见第140页“炸远山鲍鱼”）。

2. 将表面划了格子纹的鲍鱼放入鲍肝配料中，用小火蒸15分钟。蒸好了之后冷却，切成适当的大小。

●酒煮对虾

材料 四人份

对虾（30克） ……4只
酒煮汤汁
- 酒 ……200毫升
- 水 ……200毫升
- 盐 …… 12克
- 海带 ……5克

做法

见第136页“酒煮对虾”

●干青鱼子涂鲣鱼粉

材料 四人份

干青鱼子 …… 4 条
鲣鱼粉 …… 适量
干青鱼子的配料
- 高汤 …… 500 毫升
- 酒 …… 60 毫升
- 味醂 …… 60 毫升
- 浓味酱油 …… 80 毫升
- 鲣鱼片 …… 5 克

做法

1. 将干青鱼子泡在水中，除去表面的薄皮。换水之后，泡 1 天，适当地除去盐分，然后用酒清洗。

2. 在锅里加入配料的酒、味醂，煮开。再加入高汤、浓味酱油煮开。加入鲣鱼片之后用布巾过滤，冷却。将干青鱼子浸泡在一半的配料中约 5 个小时。取出之后沥干，在剩余的配料中再浸泡约 5 个小时。

3. 将干青鱼子切成一口的大小，涂上鲣鱼粉。

●甘鲷月环

材料 四人份

甘鲷（1.5 千克） …… 1/2 条
生海胆 …… 20 克
金时胡萝卜 …… 30 克
木耳（干燥） …… 5 克
毛豆 …… 50 克
柚子 …… 1/2 个
鸡蛋液配料
- 蛋黄 …… 5 个
- 白味噌 …… 10 克
- 砂糖 …… 1 大勺

八方汤底
- 高汤 …… 250 毫升
- 味醂 …… 30 毫升
- 淡味酱油 …… 20 毫升
- 盐 …… 少量

做法

1. 将甘鲷的腹骨取出，撒上一层盐，静置约 40 分钟。之后取出带血的骨头，然后将鱼身切成约 5 毫米厚度的薄片。

2. 将生海胆撒上薄薄一层盐，蒸 3 分钟。将金时胡萝卜和木耳切成 2 毫米的方形，用盐水煮，然后浸泡再八方汤底中使其入味。将毛豆用盐水煮，之后放在冷水中冷却。然后剥去外面的薄皮。

3. 在锅中加入鸡蛋液配料的所需材料并混合，用双层锅开始熬炼。感觉烫手的时候，加入沥干的胡萝卜、木耳、毛豆混合，将蛋液摊成细长的薄板状。以蒸海胆为中心卷起，将其卷成棒状。

4. 在保鲜膜中将甘鲷并列排列，撒上柚子丝。以步骤 3 中的鸡蛋液配件为中心卷起，然后用橡皮筋固定，用小火蒸 15 分钟。之后取出冷却，切成适当的大小。

●厚鸡蛋卷

材料 四人份

白身鱼末 …… 150 克
蛋黄 …… 11 个
鸡蛋 …… 1 个
砂糖 …… 20 克
盐 …… 1/3 小勺
无酒精味醂 …… 100 毫升

做法

在研钵中放入白身鱼末，慢慢将蛋黄倒入并搅拌。然后加入搅匀的蛋液，再次搅拌。按顺序加入砂糖、盐、无酒精味醂，充分搅拌。过滤之后静置 1 小时，以除去气泡。然后放入蒸笼中，隔水用 180℃的烤箱加热。大约需要 30~40 分钟来完成。之后取出冷却，切成 2 厘米大小的小丁。

●金团

材料 四人份

涩皮栗甘露煮 …… 4 个
金团材料
- 番薯 …… 100 克
- 栗甘露煮 …… 100 克
- 细砂糖 …… 10 克

栀子、白兰地

做法

1. 将番薯切成圆片并去皮。泡在水中。在锅中加入水、碎栀子，用小火加热。等变软到能用竹串刺进去的程度，关火冷却。将栗甘露煮沥干过滤。将涩皮栗甘露煮切成 5 毫米的小丁。

2. 将沥干的番薯蒸热然后过滤。加入栗甘露煮、细砂糖，混合搅拌，再加入切丁的涩皮栗甘露煮，弄成球形，然后用浸泡在白兰地中的纱布包裹，压上茶巾的纹路。

●海蜓

材料 四人份

沙丁鱼干 …… 30 克
一味辣椒 …… 适量
汤汁
- 酒 …… 45 毫升
- 砂糖 …… 1/2 大勺
- 味醂 …… 少量
- 浓味酱油 …… 10 毫升

做法

将沙丁鱼干放入焙烙中，用小火边加热边搅拌，直至变得柔软。在锅中将汤汁煮开，等到泡泡变小、快要煮干的时候，加入沙丁鱼干，撒上一味辣椒。

●拍牛蒡

材料 四人份

牛蒡 …… 75 克
汤汁
- 高汤 …… 300 毫升
- 酒 …… 75 毫升
- 味醂 …… 少量
- 淡味酱油 …… 15 毫升
- 浓味酱油 …… 15 毫升

芝麻外皮
- 白芝麻（煎过的） …… 45 克
- 砂糖 …… 3 大勺
- 淡味酱油 …… 30 毫升
- 醋 …… 30 毫升
- 高汤 …… 15 毫升

做法

1. 将牛蒡以四六分切开，切成 4 厘米长，然后浸泡在水中。用淘米水将牛蒡煮至变得有嚼劲，然后泡在冷水中。在锅中加入汤汁煮开，加入牛蒡，用小火煮 5 分钟。然后冷却，使其入味。

2. 制作芝麻外皮。将煎过的芝麻放在研钵中充分捣碎，然后加入剩余的调味料和高汤，混合搅拌。

之后加入沥干的牛蒡混合，用锤敲至牛蒡轻微裂开，使其充分入味。

●葡萄豆

材料 四人份

黑豆 …… 200 克
还原铁、小苏打 …… 各适量
配料
- 水 …… 600 毫升
- 细砂糖 …… 250 克
- 浓味酱油 …… 20 毫升
- 生姜汁 …… 适量

做法

1. 将黑豆洗净，和少量的还原铁、少量的小苏打一起放在大量的水中浸泡一天。然后直接煮制，沸腾之后换成小火煮。当豆子煮到手指轻轻一捏就会碎掉的柔软程度之后，关火，静置冷却一天。

2. 用水充分冲泡后将豆子用网筛捞起沥干，取出外皮破损的豆子，再次和大量的水一起放在锅里，盖上盖子之后开火。用小火煮约 1 小时。从盖子上方使水少量滴入，大概持续 3 小时。

3. 在锅中放入配料中的水和细砂糖 150 克，开火，等细砂糖溶化之后关火冷却。将沥干的豆子放在配料中浸泡 1 天。

4. 取出豆子，在锅中加入 50 克细砂糖。等砂糖溶化了之后冷却，将豆子放回，静置一天。

5. 再次将豆子取出，在锅中加入细砂糖、浓味酱油、生姜汁。等到细砂糖溶化之后冷却。将豆子放入，静置一日。

●切萵笋

材料 四人份

萵笋 …… 1/2 根
味噌底料
- 白味噌 …… 200 克
- 蒸馏酒 …… 50 毫升

做法

1. 在白味噌中加入蒸馏酒。将莴笋切成5厘米的长度，并去皮。将莴笋的中心部分挖去，用盐水煮。取出一半的味噌底料放在盘子中，铺上纱布排列放好莴笋，然后合上纱布，上面再放剩下的味噌底料。在冰箱中放2小时。

2. 从味噌底料中将其取出，切成适当的大小。

➡ P86

【第二层＜烧烤物＞】

●银鲳鱼西京烧

材料 四人份

银鲳鱼（1.5千克） ………… 1/2条

味噌底料

- 白粗味噌 ………………… 1千克
- 甜酒 ……………………… 125克
- 蒸馏酒 …………………300毫升

酱汁

- 酒 ………………………200毫升
- 味醂 ……………………100毫升
- 淡味酱油 ……………… 60毫升

做法

1. 将银鲳鱼切成3片。将腹骨取出，撒上一层盐之后静置40分钟。用水洗净之后擦干。在白粗味噌中加入甜酒、蒸馏酒并搅拌，制作成味噌底料。将银鲳鱼放在味噌底料中2天。

2. 将银鲳鱼从味噌底料中取出，擦去表面的味噌。切成适当的大小，在表皮上划上3~4毫米大小的切痕。串成串，用中火烤制。涂2~3遍酱汁让鱼烤至干燥。

●鰆鱼幽庵烧

材料 四人份

鰆鱼（1.5千克） …………… 1/4条

幽庵酱料

- 酒 ………………………100毫升
- 味醂 ……………………100毫升
- 浓味酱油 ………………100毫升
- 柚子（圆片） ……………… 2片

做法

1. 将鰆鱼切成3片。将腹骨取出，撒上盐之后放置40分钟。将带血的骨头除去，用水洗净，然后沥干。

2. 将鰆鱼切成适当的大小，在幽庵酱料中放置约20分钟。将汁水擦干，串成串之后用中火烤制。中途用幽庵酱汁涂2~3遍，然后烤至干燥。

●乌贼海胆烧

材料 四人份

乌贼（上身） ………………200克

海胆酱

- 生海胆 ………………… 50克
- 蛋黄 ………………………1个
- 味醂 …………………… 10毫升
- 淡味酱油 ……………… 10毫升

做法

1. 将乌贼洗净，在盐水中泡2个小时。将生海胆过滤，加入其他材料混合，制作海胆酱。

2. 将乌贼串起，用小火烤制表面。等到变色了之后，烤制内侧。在乌贼表面用刷子刷上酱汁然后烤干，如此重复几次。

●鳗鱼八幡烧

材料 四人份

鳗鱼（100克） ………………2条

牛蒡 …………………………1根

牛蒡汤汁（见第127页“海鳗八幡卷”）

酱汁（见第127页“海鳗鱼八幡卷”）

做法

1. 将牛蒡入味。牛蒡充分洗净，然后切成约20厘米的长度。将牛蒡竖着切成一根筷子的粗细，然后泡在水中。用汤汁一起煮，使其入味（见第127页“鳗鱼八幡卷”）。

2. 将鳗鱼洗干净（见第129页“康吉鳗鱼博多真薯”）。竖着对半切开，在靠近尾部的位置，划上2厘米左右的划痕，以2块为一组，从头侧向两边延伸。将牛蒡串在铁钎子上，将鳗鱼卷在牛蒡上。两端用竹皮连接，串成扇形串。

3. 将表面烤至变色，然后涂2~3遍酱汁并烤至干燥。然后切成4厘米长。

●鹌鹑甲州烧

材料 四人份

甲州烧的配料

- 鸡肉末 …………………600克
- 食用面包 ……………… 30克
- 海带汤 ………………… 50毫升
- 山药（泥） …………… 30克
- 红汤用味噌 …………… 15克
- 鸡蛋液（见第130页“碗装汤菜”①）
- 鸡蛋 ………………………4个
- 蛋黄 ………………………3个
- 砂糖 ……………………100克
- 浓味酱油 ……………… 60毫升
- 大豆酱油 ……………… 60毫升
- 葡萄干 ………………… 70克
- 红酒 …………………… 50毫升
- 胡桃 …………………… 60克

做法

1. 将葡萄干浸泡在适量红酒中5~6小时，使其变得柔软。将胡桃用150℃的油炸。将食用面包浸泡在所需分量的海带汤中使其泡发。

2. 在研钵中加入鸡肉末充分搅拌，然后将其加入到配料表中的配料混合物中，充分混合搅拌。然后加入葡萄干、胡桃等搅拌，放入蒸笼中。用120℃的烤箱烤约1小时。

3. 从蒸笼中取出，冷却之后切成适当的大小。

●芥末莲藕

材料 四人份

莲藕 …………………………1节

汤汁

- 高汤 ……………………600毫升
- 味醂 …………………… 75毫升
- 盐 …………………………1小勺

蛋黄酱

- 煮鸡蛋蛋黄 ………………5个
- 白味噌 ………………… 50克
- 熬炼芥末 ……………… 2大勺
- 砂糖 …………………… 1/4小勺
- 盐 ………………………… 少量

面衣

- 黄豆粉 ………………… 50克
- 小麦粉 ………………… 50克
- 蛋黄 ………………………1个
- 水 ………………………150毫升

做法

1. 将莲藕用热水煮过，然后捞起，和汤汁一起煮，然后冷却使其入味。

2. 制作蛋黄酱。将煮鸡蛋的蛋黄过滤。放入研钵中，和其他配料混合搅拌。

3. 制作面衣。在蛋黄中加入冷水、黄豆粉、小麦粉，混合搅拌。

4. 将莲藕沥干，在莲藕的洞中塞入蛋黄酱，表面涂上小麦粉和面衣，用170℃的油炸。然后切成5毫米大小。

●醋拌生姜（见第132页“盐烧鲇鱼”）

●红白相生结

材料 四人份

金时胡萝卜 ……………… 适量

家山药 …………………… 适量

甜醋（见第137页“鲭棒寿司”白板海带的甜醋）

做法

1. 将金时胡萝卜切成2毫米宽高、10厘米长的棒状，在热水中焯过之后，浸泡在盐水中约10分钟。变得柔软之后，浸泡在甜醋中3~4个小时。

2. 将家山药切成3毫米宽高、10厘米长的棒状，在盐水中浸泡约10分钟。变得柔软之后，在甜醋中浸泡3~4个小时。

3. 将胡萝卜、家山药一根一根地缠绕成相生结。

➡ P88

【第二层 <醋渍拌菜>】

●生鲅鱼寿司

材料 四人份

鲅鱼（800 克）……………… 1/2 条

淡醋（见第 134 页“鲷鱼菊花寿司”）

做法

将处理好的鲅鱼撒上盐。之后步骤见第 139 页“生鲅鱼寿司”。由于是节日料理，盐渍的时间约 1 小时 30 分钟，浸泡在淡醋中的时间约 15 分钟，包裹海带的时间约为 5~6 个小时。

●生鲷鱼寿司

材料 四人份

鲷鱼（1.5 千克）…………… 1/2 条

白板海带 ……………………… 2 片

淡醋（见第 134 页“鲷鱼菊花寿司”）

做法

1. 将处理好的鲷鱼撒上盐，静置约 1 小时 30 分钟。将腹骨取出，再除去带血的骨头，用水洗净。将带皮侧向上摆放，盖上纱布，带皮侧浇上热水，然后马上放到冰水中冷却。之后在淡醋中浸泡 15 分钟，然后用网筛捞起，将水分沥干。

2. 用淡醋擦过的白板海带包裹鲷鱼，包上一层保鲜膜，放在冰箱中 5~6 小时。然后取出，平切成刺身。

●比目鱼白海带卷

材料 四人份

比目鱼（2 千克）…………… 1/4 条

黄瓜 ………………………… 1/2 根

烟熏三文鱼 ………………… 适量

醋渍生姜 …………………… 适量

白板海带 …………………… 4 片

淡醋（见第 134 页“鲷鱼菊花寿司”）

甜醋（见第 137 页“鲭棒寿司”白板海带的甜醋）

煎鸡蛋

- 煮鸡蛋的蛋黄 …………… 2 个
- 盐 ……………………… 少量

做法

1. 将黄瓜竖着切成八等份，除去籽。撒上盐静置约 10 分钟，用水洗净。将烟熏三文鱼切成和黄瓜一样的大小。

2. 将煮鸡蛋的蛋黄过滤，加上盐，用双层锅隔水蒸，一边用筷子搅拌一边加热。然后煎至干燥（煎鸡蛋）。

3. 在锅中将甜醋煮开，将白板海带煮 1~2 分钟。然后将锅放在冰水中冷却（白板海带甜醋渍）。

4. 将比目鱼除去腹骨，剥皮，撒盐。之后的步骤见第 139 页“生鲅鱼寿司”。由于是节日料理，盐渍的时间约 1 小时 30 分钟，浸泡在淡醋中的时间约 15 分钟，包裹海带的时间约为 5~6 小时。

5. 将甜醋渍白板海带平摊在卷帘上，将平切的比目鱼放在靠近手前的位置，中间放上醋渍生姜丝煎鸡蛋。放上烟熏三文鱼，从手前将其卷起。卷起来之后用橡皮筋固定。用保鲜膜包裹之后，在冰箱中冷藏过后，切成 1.5 厘米的大小。

●山椒芽针鱼

材料 四人份

针鱼（100 克）……………… 5 条

白板海带 …………………… 2 片

淡醋（见第 134 页“鲷鱼菊花寿司”）

做法

1. 将针鱼切片，除去腹骨，在盐水中浸泡约 20 分钟。之后沥干，在淡醋中浸泡 20~30 秒，趁着肉身表面还没变白，用网筛捞起，自然沥干。

2. 用白板海带包裹针鱼，将带皮一侧朝下，左右肉身各不相同，错开叠放 5 片针鱼。将带皮侧朝外摆放，形成树叶的形状。切成 1.5 厘米的大小，然后摆盘。

●腌泡三文鱼

材料 四人份

挪威三文鱼（上身）………… 400 克

柚子 ………………………… 1/2 个

甜醋（见第 129 页“醋渍野姜”）

配料

- 橄榄油 ………………… 200 毫升
- 洋葱 …………………… 1/4 个
- 柚子 …………………… 1/4 个

做法

1. 将细砂糖和盐同比例混合，撒在三文鱼表面，放置 6 小时。将表面用水洗净，之后擦去水分。将三文鱼在搅拌好的配料中浸泡 12 小时。然后除去三文鱼的皮，切成 3~4 毫米厚度的刺身（腌泡三文鱼）。

2. 将切成细丝的柚子皮在热水中焯过，在甜醋中浸泡约 1 小时。将柚子沥干，然后用腌泡三文鱼卷起。

●南蛮风渍颌须鉤

材料 四人份

颌须鉤 ……………………… 12 条

南蛮醋

- 高汤 ………………… 450 毫升
- 醋 …………………… 120 毫升
- 砂糖 ………………… 大勺 2 勺半
- 味醂 ………………… 40 毫升
- 淡味酱油 …………… 50 毫升
- 浓味酱油 …………… 50 毫升

小洋葱 ……………………… 4 个

青葱 ………………………… 1 束

土生姜 ……………………… 10 克

干辣椒 ……………………… 1 根

酸橘（圆片）……………… 1 个量

海带 ………………………… 5 克

鲣鱼片 ……………………… 5 克

做法

1. 将小洋葱切成 3 毫米厚的圆片，将青葱切成 3 厘米长。然后各自放在少量色拉油中炒至变软。将干辣椒去蒂，除籽。

2. 将南蛮醋的高汤和调味料混合煮开，然后关火。趁热加入小洋葱、青葱、土生姜、干辣椒、酸橘、海带、用纱布包裹的鲣鱼片，静置使其自然冷却。

3. 颌须鉤用水洗净，擦干水，干烤至变色。然后用 170℃的油炸，之后趁热放进南蛮醋中，放置 2 日。

●五色芝麻拌菜丝

材料 四人份

柿子 ………………………… 30 克

萝卜 ………………………… 80 克

金时胡萝卜 ………………… 15 克

莴笋 ………………………… 15 克

水前寺海苔 ………………… 3 厘米小丁

甜醋（见第 138 页“柿饼三丝”）

松子（煎过的）…………… 适量

芝麻外皮

- 芝麻 …………………… 3 大勺
- 砂糖 …………………… 2 大勺
- 蒸馏酒 ………………… 20 毫升
- 浓味酱油 ……………… 15 毫升

做法

1. 在研钵中放入芝麻，一边加入少量调味料，一边搅拌混合（芝麻外皮）。

2. 将柿子、萝卜、金时胡萝卜、莴笋、水前寺海苔按照第 138 页“柿饼三丝”处理。

3. 将柿子、萝卜、金时胡萝卜混合，在甜醋中浸泡 3~4 个小时。

4. 在大碗中放入沥干的柿子、萝卜、金时胡萝卜、用甜醋泡过的莴笋和水前寺海苔、芝麻皮，混合搅拌，然后装盘。之后撒上粗切过的松子。

●醋渍莲藕

材料

莲藕 ………………………… 1 节

甜醋（见第 127 页“烧鲈鱼段”）

做法

见第 135 页“花藕”。切成 3 毫米的厚度。

●生姜煮石耳

材料 四人份

石耳（干燥）……………… 5 克

土生姜（切丝）…………… 20 克

汤汁

- 高汤 ………………… 500 毫升
- 酒 …………………… 50 毫升
- 味醂 ………………… 30 毫升

淡味酱油 ……………… 25 毫升
浓味酱油 ……………… 25 毫升

做 法

将石耳泡发之后用热水煮（见第 126 页“鳕鱼海带”）。在锅中倒入汤汁煮开，加入石耳、土生姜，用小火煮至只剩少量汤汁。

●红白饼花

材 料 四人份

金时胡萝卜 ……………………1/2 根
家山药 …………………………8 厘米
甜醋（见第 137 页“鲭棒寿司”白板海带的甜醋）

做 法

将金时胡萝卜削成圆形。用盐水煮软之后泡在甜醋中。将家山药也削成同样的圆形，在盐水中浸泡至柔软，然后泡在甜醋中。

●花黄瓜

材 料 四人份

花丸黄瓜 ………………………1 根

做 法

将花丸黄瓜撒上盐摩擦，使其显色，然后薄切成圆锥形。

➡ P88

【第二层 < 煮物 >】

●甜煮香菇

材 料 四人份

干香菇 …………………………8 个
汤汁
高汤 ……………………200 毫升
干香菇泡发汤汁 ………200 毫升
砂糖 ………………………1 大勺
味醂 ………………………5 毫升
浓味酱油 ……………… 15 毫升

做 法

将干香菇在水中浸泡 5~6 个小时。除去底部的柄，用热水煮 5 分钟。将高汤、泡发汤汁一起放入锅中，用小火煮 10 分钟。然后加入砂糖、味醂，煮到只剩一半量的时候，加入浓味酱油，煮 5~6 分钟，然后关火，静置冷却，使其入味。

●新笋土佐煮

材 料 四人份

竹笋（500 克） ………………1 根
竹笋汤汁（见第 138 页“煮嫩笋”）

做 法

将竹笋处理干净，将靠近顶部的部分竖着切开，将根部切成 2 厘米大小的半月形切片，然后用火煮（见第 138 页“煮嫩笋”）。

●甜煮慈菇芽

材 料 四人份

慈菇芽 ……………………… 20 个
栀子 ……………………………1 个
汤汁
高汤 ……………………600 毫升
砂糖 ………………………4 大勺
盐 ………………………1/2 小勺
淡味酱油 ……………… 30 毫升
鲣鱼片 ………………………5 克

做 法

将慈菇芽切成六瓣后，泡在水中。在锅中加入水、碎栀子，煮至柔软，然后将慈菇芽在水中浸泡 30 分钟。在锅中加入高汤、慈菇芽、砂糖、鲣鱼片，煮 30 分钟。加入盐和淡味酱油煮 10 分钟。然后静置冷却，使其入味。

●胡萝卜香梅煮

材 料 四人份

金时胡萝卜 ……………… 50 克
汤汁
高汤 ……………………400 毫升
味醂 ……………………… 60 毫升
砂糖 ………………………2 小勺
淡味酱油 ……………… 15 毫升
浓味酱油 …………………5 毫升
梅紫苏 ……………………… 少量

做 法

将金时胡萝卜切成 5 毫米厚，刻成梅形。用盐水煮过之后泡在水中。将汤汁煮开，加入胡萝卜煮 5 分钟。然后静置冷却，使其入味。

●鳗鱼葫芦干卷

材 料 四人份

葫芦干 ……………………… 50 克
白烤鳗鱼 …………………1/2 条
金时胡萝卜 ………………1/2 根
土当归 ……………………1/4 根
汤汁
高汤 ……………………900 毫升
酒 ………………………… 25 毫升
砂糖 ……………………… 25 克
味醂 ……………………… 45 毫升
淡味酱油 ……………… 15 毫升
浓味酱油 ……………… 15 毫升
海带 …………………………5 克
鲣鱼片 ………………………5 克

做 法

1. 将葫芦干放在水中泡发，然后用盐揉搓。之后将表面的盐洗净，用热水煮，然后泡在水中，沥干水。取出 1/4 量的煮沸的汤汁，放入别的锅中，再加入葫芦干，用小火煮 10 分钟，静置一晚。

2. 将金时胡萝卜和土当归切成 7 毫米宽高、15 厘米长，用盐水煮。之后泡在冷水中冷却。将胡萝卜、土当归放在别的锅的汤汁中，静置一晚。

3. 将白烤鳗鱼切成 1 厘米宽高、15 厘米长。将白烤鳗鱼 2 根和胡萝卜、土当归各 1 根混合，用葫芦干卷起，然后用竹皮连接。在锅中将汤汁煮开，加入葫芦干卷、海带、鲣鱼片，用小火煮 30 分钟。然后静置一晚，切成 1.5 厘米的大小。

●鲱鱼海带卷

材 料 四人份

鲱鱼（软） ……………………2 片
白板海带 ………………………2 片
粗茶 ………………………… 适量
汤汁
高汤 ……………………500 毫升
酒 ………………………100 毫升
砂糖 ………………………3 大勺
味醂 ……………………… 30 毫升
浓味酱油 ……………… 40 毫升
大豆酱油 …………………5 毫升

做 法

1. 将鲱鱼泡在淘米水中 5~6 个小时。除去鳞片和腹骨，加入适量粗茶，用小火煮 1 个小时。之后在水中浸泡 5~6 个小时。除去带血的骨头，蒸 1 个小时。等到不太热的时候，放在冰箱中冷藏。

2. 将白板海带切成宽 3.5 厘米的大小，在热水中焯过之后，除去表面的黏液，用网筛捞起。将其切成长 3.5 厘米、宽 1.5 厘米的棒状的鲱鱼，用白板海带包裹卷起，用竹皮连接。

3. 在锅底铺上一层薄板，放入海带卷、高汤、酒、砂糖、味醂、半量的浓味酱油，用小火煮 1 个小时。然后静置一晚。

4. 再次用火加热，加入剩下的浓味酱油、大豆酱油，用小火煮 1 个小时。然后静置一晚。

●鮟鱇鱼肝生姜煮

材 料 四人份

鮟鱇鱼肝 ……………………200 克
土生姜 ……………………… 20 克
汤汁
酒 ………………………700 毫升
砂糖 ……………………… 50 克
浓味酱油 ……………… 50 毫升
大豆酱油 ……………… 20 毫升

做 法

1. 将鮟鱇肝的皮和粗血管除去，在水中浸泡 5~6 个小时，然后在盐水中浸泡 2 小时。之后撒上酒，用小火蒸 20 分钟。静置冷却。

2. 将鮟鱇鱼肝切成 1.5 厘米的小丁。将土生姜切丝。在锅中将汤汁煮开，放入鮟鱇肝和生姜，盖上纸盖，用小火煮 20

分钟。然后静置冷却，使其入味。

●**煮章鱼**

材料 四人份

章鱼（1千克） ……………… 1/2杯

汤汁

高汤 ……………… 900毫升

酒 ……………… 200毫升

三温糖 ……………… 70克

糖稀 ……………… 2大勺

蜂蜜 ……………… 1大勺

浓味酱油 ……………… 75毫升

大豆酱油 ……………… 15毫升

海带 ……………… 5克

鲣鱼片 ……………… 5克

做法

1. 将章鱼处理干净（见第141页“煮章鱼”）。在锅中加入汤汁和配料表中的调味料，煮开之后，加入章鱼、海带、鲣鱼片，用小火煮50~60分钟。然后静置一晚。

2. 将章鱼取出，将汤汁煮到剩2/3的量，然后关火冷却。将章鱼放回，使其入味。然后切成适当的大小。

●**伊势虾煮油菜**

材料 四人份

伊势虾（500克） ……………… 1只

柚子 ……………… 适量

葛粉 ……………… 少量

蛋黄面衣

鸡内卵 ……………… 5个

蛋黄 ……………… 2个

柚子 ……………… 1个

汤汁

高汤 ……………… 600毫升

酒 ……………… 70毫升

味醂 ……………… 100毫升

盐 ……………… 少量

淡味酱油 ……………… 30毫升

做法

1. 将伊势虾的头尾分开，用冷水洗净。将头的部分对半切开，除去虾线，然后再热汤中煮。

2. 制作蛋黄皮。将柚子皮切丝，用纱布包裹在热水中焯一遍，然后泡在水中冷却，擦干水，混入鸡内卵和蛋黄。

3. 在锅中放入伊势虾的头、汤汁中的高汤、酒、味醂，用小火煮10分钟。之后过滤，加入剩余的调味料。将伊势虾切成一口大小，撒上葛粉，涂上蛋黄，加入煮沸的汤汁，用小火加热。然后冷却，使其入味。最后取出，撒上柚子丝。

●**荷兰豆 油菜**

材料 四人份

荷兰豆 ……………… 12片

油菜 ……………… 8棵

配料（见第132页“拼盆”①裙带菜和荷兰豆的配料）

做法

将荷兰豆和油菜用盐水煮，煮开之后冷却，浸泡在配料中。

●套盒和食盒

➡ P90

【烧烤物】

鰆鱼幽庵烧 银鲳鱼西京烧

甘鲷盐烧 楤木嫩芽 生姜

材料 四人份

鰆鱼（700克） ……………… 1/2条

银鲳鱼（1.2千克） ……………… 1/2条

甘鲷（1.2千克） ……………… 1/2条

楤木嫩芽 ……………… 4根

生姜 ……………… 8根

幽庵底料（见第131页“幽庵烤带鱼”）

楤木嫩芽的配料（见第132页“拼盆”①裙带菜和荷兰豆的配料）

甜醋（见第129页“醋渍野姜”）

味噌底料

白粗味噌 ……………… 1千克

甜酒 ……………… 200克

味醂 ……………… 100毫升

酒 ……………… 100毫升

做法

1. 将楤木嫩芽用盐水煮至有嚼劲，然后泡在水中冷却。将其浸泡在煮开后冷却的配料中。将生姜制作成甜醋渍生姜（见第132页“烧鲈鱼段”）。

2. 将鰆鱼切成3片。进行幽庵烧烤（见第144页“鰆鱼幽庵烧”）。

3. 将银鲳鱼切成3片，取出腹骨，撒上一层盐之后静置30分钟。用水洗净之后擦干水，放入味噌底料中，在冰箱中放置2天。

4. 将银鲳鱼从味噌底料中取出，除去表面的味噌。斜着切分成3厘米大小，在鱼皮表面划出格纹。用串串起，调整成中火稍弱的火候，进行烧烤。

5. 将鲷鱼切成3片，取出腹骨，撒上一层薄盐，静置40分钟。除去带血的骨头，用水洗净，切成4份，串起后用大火烧烤。

➡ P91

【刺身】

木叶鲽形刺身 白萝卜丝 青紫苏 红白丝

赤芽紫苏 青芥末 土佐酱油

材料 四人份

木叶鲽鱼（500克） ……………… 2条

萝卜 ……………… 1/5根

青紫苏 ……………… 4片

胡萝卜 ……………… 4厘米

土当归 ……………… 4厘米

赤芽紫苏 ……………… 适量

青芥末 ……………… 适量

土佐酱油（见第126页“平切刺身”）

做法

1. 将萝卜横切。将胡萝卜和土当归进行旋切（见第126页）。将赤芽紫苏洗净。

2. 将木叶鲽鱼带头切成五段，除去腹骨。去皮，切成刺身。

3. 在食器中放入萝卜切片，放上木叶鲽的中骨，再铺上青紫苏，放上鱼肉、赤芽紫苏、青芥末泥（见第126页）、胡萝卜卷丝、土当归卷丝。最后将土佐酱油倒在猪口杯中，放在旁边。

➡ P91

【醋物】

蛤、魁蛤、鲍鱼的三杯醋冻

材料 四人份

蛤 ……………… 8个

魁蛤 ……………… 4个

鲍鱼（500克） ……………… 1杯

裙带菜 ……………… 适量

土当归 ……………… 10厘米

山椒芽 ……………… 适量

鲍鱼煮汤汁（见第129页“散盛”）

配料

高汤 ……………… 400毫升

味醂 ……………… 40毫升

盐 ……………… 少量

淡味酱油 ……………… 30毫升

三杯醋冻

醋 ……………… 100毫升

高汤 ……………… 200毫升

淡味酱油 ……………… 35毫升

砂糖 ……………… 1大勺

明胶 ……………… 5克

做法

1. 制作三杯醋冻。在锅中加入高汤、淡味酱油、砂糖煮开，加入泡发的明胶使其溶解，然后加醋关火。放进冰箱使其凝固。

2. 将土当归切成4厘米长的细丝，在盐水中焯过之后放在冷水中。将裙带菜切成适当的大小，加盐之后放在热水中煮过，然后泡在水中。将土当归和裙带菜放在配料中。

3. 将蛤洗净。在锅中放入蛤和50毫升酒，盖上盖子开火。蛤壳打开之后，将肉挖出。将魁蛤处理干净，将贝肉对半切开。将鲍鱼用水洗净之后从壳中取出，除去肠、口、边缘部分。将鲍鱼煮至柔软（见第129页“散盛”）。

4. 将鲍鱼切成适当大小。将鲍鱼、蛤、魁蛤、土当归、裙带菜盛盘，浇上三杯醋冻，然后将山椒芽以天盛式摆放。

●西式餐盘 摆盘法

➡ P92

鰤鱼鱼排 烤萝卜 山椒汁 葱丝

材料 四人份

鰤鱼（120克的切块）…………4块
萝卜…………8厘米
青葱…………适量
色拉油…………适量
小麦粉…………适量
配料
- 酒…………200毫升
- 味醂…………100毫升
- 浓味酱油…………100毫升

山椒汁
- 上述的配料…………100毫升
- 有马山椒…………2小勺
- 水溶葛粉…………适量

做法

1. 将萝卜切成2厘米厚的圆片，去皮。用菜刀切去两边。将鰤鱼的鱼块撒上一层盐，然后静置约30分钟。将表面的盐洗净，擦干水，然后在配料中浸泡约20分钟。之后除去汤水，全体涂上一层小麦粉。

2. 将青葱切成4厘米的长度，竖着重叠，沿着纤维切成细丝，过水之后沥干（葱丝）。

3. 在加热的平底锅中加入色拉油，将萝卜用小火煎烧。然后取出萝卜，重新加热平底锅，加入色拉油和鰤鱼。边倒油边用中火加热。取出鰤鱼，取用剩下的油，加入山椒汁的配料、有马山椒，加入水溶葛粉，增添黏稠度（山椒汁）。

4. 在食器中摆放鰤鱼和萝卜。浇上山椒汁，将葱叶以天盛式摆放。

➡ P92

鲍鱼排 炸裙带菜 芦笋 黄油酱油汁 葱丝

材料 四人份

鲍鱼（500克）…………1杯
裙带菜（生）…………60克
芦笋…………4根
葱白…………适量
青葱…………适量
黄油…………适量
黄油酱油汁
- 味醂…………60毫升
- 砂糖…………1小勺
- 浓味酱油…………45毫升
- 葡萄酒醋…………10毫升
- 黄油…………适量

做法

1. 将鲍鱼从壳中取出，除去肠、口。

2. 将裙带菜的茎除去，在网筛中摊开使其干燥。然后放入160℃的油中，一直炸到没有泡沫（炸裙带菜）。

3. 将芦笋用盐水煮过然后捞起。将葱白切丝。将青葱切丝（参照上个食谱）。将青葱和葱白混合。

4. 在充分加热的平底锅中加入黄油。加入芦笋，用中火煎过之后取出。加入鲍鱼，煎至表面变色。

5. 在别的平底锅中加入黄油酱油汁中除了黄油以外的其他调味料，然后开火，煮开之后加入黄油，摇晃平底锅，使其融化。

6. 在食器中放入切成1厘米厚度的鲍鱼和芦笋，再添上炸裙带菜。浇上黄油酱油汁，最后将葱丝以天盛式摆放。

●热盘与冷盘

➡ P93

【土锅】

烤甘鲷 芜菁 竹笋 烤葱白 油菜 山椒芽

材料 四人份

甘鲷（1千克）…………1/2条
芜菁…………2个
竹笋…………2根
菜花…………8根
葱白…………2根
山椒芽…………适量
淘米水…………适量
芜菁汤汁
- 高汤…………600毫升
- 味醂…………30毫升
- 盐…………1/3小勺
- 淡味酱油…………15毫升
- 鲣鱼片…………5克

竹笋汤汁（见第138页“煮嫩笋”）
菜花配料
- 高汤…………250毫升
- 味醂…………15毫升
- 盐…………少量
- 淡味酱油…………5毫升

汤底
- 高汤…………600毫升
- 盐…………1/2小勺
- 淡味酱油…………10毫升

做法

1. 将甘鲷除去腹骨，撒上一层盐之后，静置约40分钟。之后除去带血的骨头，用水清洗干净。将甘鲷切成4块，用铁钎串起后进行烤制。

2. 将芜菁切成梳子的形状，用淘米水煮过之后，泡在水中30分钟。将汤汁的高汤和调味料混合加热，加入鲣鱼片，煮约10分钟。将竹笋进行土佐煮（见第138页“煮嫩笋”）。将菜花用盐水煮到有嚼劲，然后泡在冷水中。将配料煮沸后冷却。将葱白放在烤网上进行烤制，并切成3厘米长。

3. 煮沸汤底。在小锅中放入甘鲷、蔓菁、竹笋、葱白、菜花，加入汤底之后煮沸，然后放上山椒芽。

➡ P93

【铜锅】

牛肉火锅 烤生麸 葱白 山椒粉

材料 四人份

牛里脊肉（薄片）…………400克
丁字麸…………8个
葱白…………2根
山椒粉…………适量
佐料汁
- 酒…………100毫升
- 味醂…………120毫升
- 黄糖…………2大勺
- 浓味酱油…………100毫升

做法

1. 将丁字麸泡在水中约20分钟，使其泡发，之后擦干水。将葱白斜切成1厘米大小。在锅中放入佐料汁的配料并加热，使黄糖溶解。

2. 在小锅中放入牛里脊肉、丁字麸、葱白，再放入佐料汁，加热。最后撒上山椒粉。

➡ P94

鸭锅

材料 四人份

鸭胸肉…………1片
牛蒡…………1根
烤豆腐…………1块
芹菜…………1束
九条葱…………3根
卷心菜…………1/2个
山椒粉…………适量
汤汁
- 高汤…………300毫升
- 酒…………200毫升
- 味醂…………100毫升
- 浓味酱油…………50毫升

做法

1. 将鸭肉切成5毫米厚。将牛蒡削成薄片。将烤豆腐切成一口大小，将芹菜和九条葱切成4厘米长。将卷心菜的叶子在热水中焯一下。

2. 将汤汁中的酒、味醂用火煮开，加入高汤、浓味酱油，煮沸。

3. 在锅中铺上卷心菜，加入热汤汁、鸭肉、牛蒡、烤豆腐、芹菜、九条葱。

根据个人喜好加山椒粉。

➡ P94
雪锅

材料 四人份
白鳕鱼子 ……………………250 克
绢豆腐 …………………………1 块
葱白 ……………………………1 根
芜菁 ……………………………4 个
圆萝卜 …………………………4 个
海带汤 ……………………… 适量
橙汁（见第 126 页“平盛”）… 适量

做法
1. 将白鳕鱼子用盐水洗净，切成适当的大小，之后用热水煮。将绢豆腐切成 2 厘米的小丁。将葱白斜切成 1 厘米大小。将蔓菁切片，除去适量水分。
2. 将圆萝卜切成 3 毫米厚度的圆片，然后在热水中焯一下。
3. 在纸锅中铺上圆萝卜，放入海带汤和芜菁。之后加入白鳕鱼子、葱白、豆腐并加热。最后添上橙汁。

➡ P95
【碎冰】
比目鱼 蜜汁肝 对虾 青紫苏 甘草 石耳 青芥末 淡酱油

材料 四人份
比目鱼（1.2 千克） …………1/2 条
比目鱼肝 …………………1/2 条量
对虾（30 克） …………………4 只
小葱 ……………………………适量
萝卜泥 ……………………200 克
橙汁（见第 126 页“平盛”）… 适量
甘草芽 …………………………4 根
青紫苏 …………………………4 片
石耳 ……………………………适量
青芥末 …………………………适量
淡酱油（比例）
　土佐酱油（见第 126 页“平切”） 1
　蒸馏酒 ……………………………1

做法
1. 将比目鱼切成 5 片，除去腹骨。在肝上撒上一层盐，放置约 20 分钟，在热水中煮过之后，泡在冷水中。将对虾除去头和虾线，用 180℃的油炸。然后放在冰水中冷却，去壳。
2. 将切碎的小葱、萝卜泥、橙汁混合（蜜汁）。将甘草芽用盐水煮。将青紫苏的茎切去，用水洗净。将石耳处理干净后用热水煮（见第 126 页“鳕鱼海带”）。
3. 将比目鱼去皮平切，边缘去皮，切成大约 2 厘米长，将肝切成适当的大小，浇上橙汁。将对虾切成两等份。
4. 在食器中铺上碎冰，放上青紫苏、比目鱼、鱼肝、对虾，添上甘草芽、石耳、青芥末泥。最后将淡酱油放在别的容器中，放置在旁边。

➡ P95
【气球冰】
鲷鱼 魁蛤 乌贼 白萝卜片 胡萝卜卷丝 锚状珊瑚菜 石耳 青芥末 土佐酱油

材料 四人份
鲷鱼（1.2 千克） ……………1/2 条
魁蛤 ……………………………2 个
乌贼 …………………………1/2 杯
萝卜 ……………………………适量
胡萝卜 …………………………适量
珊瑚菜 …………………………4 根
石耳 ……………………………适量
青芥末 …………………………适量
土佐酱油（见第 126 页“平切”）

做法
1. 将鲷鱼切成 3 段，取用上侧的鱼肉。将魁蛤处理干净。取用乌贼上侧的肉。
2. 将萝卜横着切片。将胡萝卜做成卷丝，将珊瑚菜切成锚形珊瑚菜。将石耳泡发之后用热水煮（见第 126 页“鳕鱼海带”）。
3. 除去鲷鱼皮，削成薄片。在魁蛤肉身上划痕。在乌贼表面划痕，切成 3 厘米长、2 厘米宽的大小。
4. 在食器中铺上碎冰，放上萝卜片，盛上鲷鱼、魁蛤、乌贼，再添上胡萝卜卷丝、石耳、锚形珊瑚菜、青芥末泥。盖上气球冰，最后添上土佐酱油。

●十二个月的珍馐集锦

➡ P96~97

●一月 酱腌干青鱼子
材料 四人份
干青鱼子 ………………………4 根
味噌底料
　白味噌 …………………300 克
　酒 ……………………………适量
　味醂 …………………………适量

做法
将干青鱼子浸泡在水中，剥去薄皮。换上新的水，大约泡一天，适度地除去盐分。用酒清洗之后，沥干，用纱布包裹放在味噌底料中 2 天。然后切成一口的大小。

●二月 甜肝拌萝卜泥
材料 四人份
鮟鱇肝 ……………………200 克
萝卜泥 ……………………60 克
小葱 ……………………………适量
橙汁（见第 126 页【平盛】） 适量
酒盐
　酒 ………………………100 毫升
　水 ………………………400 毫升
　盐 ……………………………30 克
　海带 …………………5 厘米方形

做法
将鮟鱇鱼肝浸在酒盐中入味，蒸过之后放在冰箱中冷藏（见第 146 页“鮟鱇肝生姜煮”）。将萝卜泥、小葱和橙汁混合，制作成蜜汁。在食器中摆入切成 2 厘米小丁的鮟鱇肝，然后浇上蜜汁。

●三月 海参肠
材料 四人份
海参肠 ……………………100 克
家山药 …………………………适量
白板海带 ………………………1 片
做法
制作家山药素面。将家山药去皮，切成 4 厘米长的细丝。用白板海带将其包裹，放在冰箱中 2 个小时。将切成适当长度的海参肠和家山药摆盘。

●四月 盐蒸海胆
材料 四人份
生海胆 …………………………1/2 盒

做法
在海胆上浇上酒之后撒上少许盐，用小火蒸约 2 分钟，使其表面干燥。然后盛在食器中。

●五月 酱腌鲷鱼子
材料 四人份
鲷鱼白子 …………………200 克
青葱 ……………………………2 根
汤汁
　高汤 ……………………400 毫升
　酒 ………………………100 毫升
　白味噌 ……………………50 克

做法
将鲷鱼白子放在盐水中洗净，然后在热水中煮过，浸泡在冷水中。切成适当的大小。用汤汁煮 5 分钟。将白子摆盘，然后将葱丝用天盛式摆放。

●六月 鲍肝
材料 四人份
鲍鱼肝 ……………………4 杯量
土生姜（泥） ………………适量
浓味酱油 ………………………适量

做法
将鲍鱼肝用盐水煮过之后，切成适当的大小。将肝摆入食器中，然后浇上加了土生姜泥的酱油。

●七月 盐渍香鱼子

材 料 四人份

白香鱼子 …………………… 50克
小香鱼子 …………………… 50克
酒 …………………………200毫升
海带 ……………………5厘米方形
芹菜 ………………………… 1/4束

做 法

将白香鱼子和小香鱼子分别浸泡在水中，一直到只剩少量盐分。沥干之后，将其浸泡在加了海带的酒中，放置约5~6个小时。沥干之后，将白香鱼子用菜刀拍松，然后和小香鱼子混合。将芹菜茎在热水中焯过之后浸泡在冷水中冷却，然后切碎。将香鱼子摆盘，最后将芹菜丝以天盛式摆放。

●八月 盐渍乌贼

材 料 四人份

乌贼 ……………………………1杯
海带 ……………………5厘米方形

做 法

将乌贼的墨袋取出，然后全体涂上盐。放置2小时之后，用水洗净，在薄皮上划上几道，然后过滤。将身体部分切成3厘米长度的细丝，和乌贼肝混合。加入与总重量4%~5%的盐以及海带，放入冰箱，一天搅拌一次，放置2~3日。然后盛盘。

●九月 盐渍虾

材 料 四人份

对虾 ……………………………4只
虾肝 ……………………… 20只量
海带 ……………………5厘米方形
盐 ………………………… 适量
酒 ………………………… 适量

做 法

将活虾的肝收集好，加入占总重量5%的盐，放置2~3日，每天搅拌，（盐渍虾肝）。将虾去壳，撒上一层盐之后，静置一会儿。用酒冲去表面的盐分，然后沥干。切成适当的大小。在盐渍虾肝中加入虾和适量的海带，再放置一晚。最后盛盘。

●十月 酱腌鲑鱼子

材 料 四人份

鲑鱼子（生） ………………100克

配料

蒸馏酒 ……………………100毫升
无酒精味醂 ……………… 50毫升
浓味酱油 …………………100毫升
海带 ………………………… 适量

做 法

将鲑鱼子一粒一粒地分开。撒上大量的盐，搅拌全体，除去表面的血。倒入60℃的热水，搅拌之后沥干，如此反复2~3遍（咸鲑鱼子）。在大碗中加入咸鲑鱼子，加入占总重量3%的盐分，整体混合搅拌。过滤之后沥干，然后放置1小时。用水洗净之后，用酒再洗一边，然后沥干。在搅拌好的配料中浸泡约30分钟。然后摆盘。

●十一月 蟹拌味噌

材 料 四人份

盲珠雪怪蟹 ……………………1只

做 法

将蟹在加入3%的热盐水中煮约15分钟，然后捞起用冷水冲洗，快速降温冷却。除去壳和肝，将蟹腿和蟹身混合。

●十二月 蜜煮黑豆

材 料 四人份

黑豆 ……………………………1杯

糖浆

水 …………………………600毫升
砂糖 ………………………… 250壳

做 法

将黑豆处理干净（见第144页“葡萄豆”）。在锅中加入糖浆中的水和150克砂糖，等到砂糖溶解之后冷却。将黑豆沥干，在糖浆中浸泡一天。将豆子取出，在糖浆中加入50克砂糖，加热溶解，冷却之后放入黑豆，再静置一天。以同样的要领，在糖浆中加入50克砂糖，然后加入黑豆放一天。最后盛盘。

●酒器

➡ P98

【盛放酒肴】

酱腌鲑鱼子 笋拌山椒芽 干鱼子萝卜 针鱼海带 焚香一夜干鲽鱼

材 料 四人份

●酱腌鲑鱼子

酱腌鲑鱼子（参照本页的食谱）
……………………………… 60克
家山药 …………………… 50克

●笋拌山椒芽

竹笋土佐煮（见第138页“煮嫩笋”）
……………………………1/2根
乌贼（上半部分） …………1/3只
山椒芽味噌（见第140页“竹笋、蕨菜拌山椒芽”）

酒盐

酒 ………………………… 30毫升
盐 ………………………… 少量

●干鱼子萝卜

干鱼子 …………………… 1/4条量
萝卜泥 ………………………… 适量

●针鱼海带

针鱼 ……………………………2条
珊瑚菜 …………………………4根
白板海带 ………………………1片
淡醋 ………………………… 适量
煎酒（见第126页“鳕鱼海带”）

●焚香一夜干鲽鱼

真子鲽鱼（500克） …………1条
蚕豆 ……………………………8粒

酱汁

酒 ………………………… 20毫升
味醂 ……………………… 10毫升
淡味酱油 ………………… 10毫升

做 法

1. 在食器中盛入酱腌鲑鱼子。撒上家山药的切丝。

2. 制作**笋拌山椒芽**。将竹笋土佐煮切成7~8毫米大小的小丁。将乌贼表面划上细纹，切成7~8毫米大小的小丁。在锅中加入酒盐的酒和盐，快速煎过之后盛起。将竹笋土佐煮、乌贼、山椒芽味噌搅拌在一起。在食器中盛盘。

3. 制作**干鱼子萝卜**。将干鱼子表面的薄皮剥去，从小口处切成3毫米的厚度。在食器中摆入干鱼子，添上萝卜泥。

4. 制作**针鱼海带**。将珊瑚菜制作成锚形珊瑚菜。将针鱼切成3片，除去腹骨，在盐水中浸泡约15分钟。在淡醋中将其浸泡约3分钟，然后用网筛捞起，沥干，之后包裹在白板海带中，放置2小时。将针鱼去皮，斜着切成3毫米大小。然后摆盘，添上锚形珊瑚菜，浇上煎酒。

5. 制作**焚香一夜干鲽鱼**。将真子鲽鱼用水洗净，切成五片。去掉腹骨，在盐水中浸泡20分钟。然后取出，全体洒上酒。将鲽鱼尾部用铁钎串起，挂在通风的地方，一直风干到用手指触碰时没有黏黏的感觉为止。将真子鲽鱼放在烤网上两面炙烤。烤完了之后，在表面上涂上酱汁，再次烧烤。然后装盘，添上用盐水煮过的蚕豆。

每月料理摆盘

●一月【正月宴会料理】

➡ P100

【前菜】

拌海参 醋蟹、甘草芽、二杯醋
博多比目鱼 针鱼蛋黄寿司
真薯虾 干鱼子 千枚蔓菁柚子卷
叩牛蒡 海蜒
海带 黑豆
松叶刺、梅煮胡萝卜、酱腌莴笋、厚鸡蛋卷
慈菇仙贝

材料 四人份

●拌海参

海参 ……1只
粗茶 ……适量
海参肠 ……100克
柚子 ……1/2个
柚香醋
- 醋 ……30毫升
- 无酒精味醂 ……30毫升
- 浓味酱油 ……50毫升
- 高汤 ……3100毫升
- 柚子（圆片） ……1/2个

●醋蟹、甘草芽、二杯醋

盲珠雪怪蟹 ……1/2只
甘草芽 ……4根
盐水 ……适量
二杯醋
- 醋 ……100毫升
- 淡味酱油 ……100毫升
- 高汤 ……150毫升

●博多比目鱼

比目鱼 ……1/4条
白板海带 ……2片
龙皮海带 ……1片
淡醋（见第134页"鲷鱼菊花寿司"）
甜醋（见第129页"醋渍野姜"）

●针鱼蛋黄寿司

针鱼 ……2条
白板海带 ……1片
山椒芽 ……适量
蛋黄寿司
- 山药 ……50克
- 煮鸡蛋蛋黄 ……1个
- 砂糖 ……1小勺
- 盐 ……少量
- 醋 ……10毫升

●真薯虾

对虾（40克） ……4只

材料
- 对虾（40克） ……8只
- 白身鱼肉末 ……100克
- 蛋清 ……1/2个量
- 无酒精味醂 ……20毫升
- 砂糖 ……1/2小勺
- 淡味酱油 ……5毫升
- 海带汤 ……50毫升
- 水溶葛粉 ……1大勺

●干鱼子

干鱼子 ……1根

●千枚芜菁柚子卷

芜菁 ……1/2个
柚子 ……2个
细砂糖 ……少量
甜醋（见第127页"烧鲈鱼段"）
糖浆
- 水 ……600毫升
- 砂糖 ……200克

●牛蒡、海蜒、黑豆

材料、做法都参照前述食谱。

●海带

海带 ……200克
配料
- 高汤 ……500毫升
- 酒 ……60毫升
- 味醂 ……60毫升
- 浓味酱油 ……75毫升
- 鲣鱼片 ……5克

●松叶刺、梅煮胡萝卜、酱腌莴笋、厚蛋烧

金时胡萝卜 ……1/2根
汤汁（见第146页"胡萝卜香梅煮"）
莴笋 ……1/2根
味噌底料（见第143页"切莴笋"）
厚鸡蛋卷材料（见第134页"厚鸡蛋卷"）

●慈菇仙贝

慈菇 ……4个
甜盐（见第133页"炸物"②）

做法

1. 制作**拌海参**。将柚香醋的材料混合，放置5~6个小时。将海参两端切去，除去肠。用包裹着纱布的筷子将海参内部充分洗净。将海参切成7~8毫米厚，撒上一层盐之后放置约10分钟。用大约85℃的粗茶浸泡约10秒钟。趁着海参还热的时候，放入约85℃的柚香醋中，然后静置5~6个小时。将海参肠切成适当的大小。将柚子去皮，切成2毫米小丁，用水洗净之后沥干（柚子丁）。将海参沥干，和肠混合装盘，最后将柚子丁以天盛式摆放。

2. 制作**醋蟹**。将蟹在加入了3%的盐的足量热水中，煮大约15分钟。然后用网筛捞起，浇上冷水，使其快速冷却。除去壳和肠，另外摆放。将腿和身体主干取出。将甘草芽处理过后用盐水煮。在锅里加入二杯醋的高汤和淡味酱油煮沸，然后加醋，关火。将锅放在水中冷却。在食器中摆入蟹身和肠，再添上甘草芽，浇上适量的二杯醋。

3. 制作**博多比目鱼**。将比目鱼的腹骨取出，去掉带血的肉。撒上盐之后，将带皮侧朝下，摆放1小时。在醋中浸泡过之后，用海带将其包裹，放在冰箱中。然后去皮，切成7毫米厚。将龙皮海带的表面用甜醋快速擦过。将一层龙皮海带、一层比目鱼、一层龙皮海带按顺序摆放，压上石头，在冰箱中放置4~5个小时。然后取出，切成适当的大小。

4. 制作**针鱼蛋黄寿司**。将针鱼切片，取出腹骨，在盐水中浸泡15~20分钟。除去带血的骨头。用白板海带将其包裹，放入冰箱中。然后去皮。将山药去皮，在水中浸泡6小时，切成1厘米大小的圆片，放入网筛中，用大火蒸10分钟，然后趁热过滤。将煮鸡蛋的蛋黄过滤，之后加入蛋黄寿司的其他材料，用手用力揉合，然后过滤。在冰箱中放置1~2个小时（蛋黄寿司）。之后将蛋黄寿司切成1厘米的棒状，和山椒芽一起放入开腹的针鱼中包起，调整形状之后，切成3厘米长。

5. 制作**真薯虾**。去掉对虾的头部和虾线。将8只虾去掉壳和尾部，并捣碎。剩下的4只虾用铁钎串起，撒少量的盐之后，用热水煮。然后泡在冷水中冷却，并拔出铁钎，然后去壳开腹。在研钵中放入捣碎的虾肉和白身鱼肉末，混合搅拌。加入其他配料混合搅拌，调整味道和柔软度。在蒸笼中将开腹的对虾排列好，用刷毛薄薄涂上一层葛粉，然后放入其他配料。在蒸制器皿中铺上卷帘放入蒸笼中，用中火蒸约20分钟。然后从蒸笼中取出，静置冷却。之后切成适当的大小。

6. 去掉**干鱼子**表面的薄皮，切成5毫米厚。

7. 制作**千枚蔓菁柚子卷**。将3厘米厚的芜菁旋转削成又长又薄的切片，泡在盐水中。等到变得柔软之后，切成6厘米长，泡在甜醋中。将柚子皮切丝。将柚子竖着对半切开，取出果肉和筋。在加入少量明矾的水中浸泡一晚，然后直接取出用水煮，煮到变软之后，泡在水中。之后再用火蒸19分钟。在柚子里加入少量的细砂糖，和糖浆一起用小火煮，等到锅底只剩少量糖浆之后，关火冷却。用沥干的芜菁把切成3厘米长的棒状柚子卷起，切成两等份。

8. 给**海带**换水，除去盐分，然后用酒冲洗。将配料中的酒、味醂煮开，再加入高汤、浓味酱油一起煮。加入鲣鱼片，过滤后冷却。将海带在一半量的配料中浸泡约5小时，沥干之后，在另外一半量的配料中浸泡约5个小时。之后沥干，切成适当的大小。

9. 将金时胡萝卜切成圆片，用盐水煮，之后泡在冷水中冷却。在锅中将汤汁煮沸，然后加入胡萝卜一起煮。将莴笋切成5厘米长，去皮之后除去中间的芯，用盐水煮。之后用纱布包裹，在味噌底料中放置2小时，之后切成适当的大小。制作厚蛋烧（做法见第144页）。从蒸笼中将厚蛋烧取出后冷却，切成2厘米的小丁。然后用松叶刺穿入厚蛋烧。

10. 制作**慈菇仙贝**。将慈菇切成2毫米厚的薄片，在水中浸泡约10分钟，并列排放在布巾上，注意不要重叠，充分擦干水，然后一片一片放入160℃的油中，不时翻动，炸到变色，并且不再冒泡。最后趁热撒上甜盐。

➡ P100

【煮物 清汤煮物】

鹌鹑丸 芜菁 烤年糕 嫩油菜 胡萝卜 干海参 柚子

材料 四人份

芜菁 …… 1个
方形年糕 …… 2个
嫩油菜 …… 8棵
金时胡萝卜 …… 适量
干海参 …… 1/2片
柚子 …… 1个
海带汤 …… 适量
淘米水 …… 适量
鹌鹑丸材料
- 鹌鹑肉末 …… 100克
- 白身鱼肉末 …… 50克
- 山药（泥） …… 2大勺
- 白味噌 …… 1大勺
- 砂糖 …… 1小勺
- 酒 …… 少量
- 淡味酱油 …… 5毫升
- 蛋白 …… 1/2个量
- 水溶葛粉 …… 1大勺
- 山椒粉 …… 适量
- 海带汤 …… 适量

八方汤底、汤底（见第130页“碗装汤菜”①）

做法

1. 制作鹌鹑丸。将鹌鹑肉末和白身鱼肉末在研钵中混合。然后将鹌鹑丸剩下的配料加入混合，调整味道和柔软度。将适量海带汤煮开，取半勺的鹌鹑丸原料放入，煮5分钟。

2. 将芜菁切成梳子的形状，用淘米水煮过之后，泡在冷水中，然后放在八方汤底中煮，使其入味。将年糕对半切开，在烤网上烤至变色。将嫩油菜的根部去皮，用盐水煮过之后泡在冷水中。将金时胡萝卜切成7毫米宽、8厘米长的薄片，用盐水煮过之后，泡在冷水中。将干海参切碎炙烤。将柚子切成松叶的形状（松叶柚子）。

3. 将汤底煮开。将嫩油菜、金时胡萝卜在八方汤底中煮过，使其入味。将鹌鹑丸盛在碗里，添上金时胡萝卜、芜菁、烤年糕、嫩油菜、干海参。浇上热汤，然后放上松叶柚子。

➡ P101

【刺身】

焯鬼鲉 鱼皮 香葱肝 珊瑚菜 橙汁

材料 四人份

鬼鲉（300克） …… 1条
小葱 …… 适量
珊瑚菜 …… 4根
橙汁（见第126页“平盛”） …… 适量
红叶泥
- 萝卜 …… 适量
- 干辣椒 …… 适量

做法

1. 将鬼鲉去皮，另外存放。

2. 将小葱切碎，将珊瑚菜切成锚形珊瑚菜。将萝卜切成适当的长度，在切口上插入除去籽的干辣椒，然后碾成泥，适当擦干水（红叶泥）。

3. 将鬼鲉的肝用热水煮过之后泡在冷水中，切成适当的大小，和适量小葱混合。将鱼皮用热水煮过之后泡在冷水中，切成适当的大小。

4. 将鬼鲉的肉削片，在60℃的热水中焯过之后，放在冷水中，然后沥干。

5. 将鬼鲉摆盘，再加上鱼皮、肝、锚形珊瑚菜。最后浇上混有小葱和红叶泥的橙汁。

➡ P101

【汤】

鳖汤 生姜 嫩葱

材料 四人份

鳖（500克） …… 1只
嫩葱 …… 适量
土生姜 …… 30克
鳖汤用
- 爪海带 …… 1片
- 酒 …… 400毫升
- 水 …… 500毫升
- 盐 …… 1/4小勺
- 淡味酱油 …… 15毫升

做法

1. 将鳖切分成四部分，放入大碗中（内脏以外），倒入90℃的热水，慢慢搅拌。然后加入冷水使温度下降，除去其表面的薄皮。在锅里放入鳖和爪海带，倒入酒。用大火加热，等到沸腾之后，加入所需分量的水。慢慢调整火候，煮15~20分钟，去涩味。然后加入盐和淡味酱油，用小火煮10分钟。

2. 在食器中摆入鳖鳍和步骤1中的高汤，撒上嫩葱，滴入适量生姜汁。

➡ P101

【烧烤物】

银鲳鱼西京烧 莲藕炸年糕
盐烧家山药 炸款冬花茎 酸橘

材料 四人份

银鲳鱼 …… 1/2条
莲藕 …… 1/2节
小麦粉 …… 适量
蛋清 …… 适量
年糕（酱油味） …… 50克
家山药 …… 适量
款冬花茎 …… 2个
酸橘 …… 1个
天妇罗面皮（见第133页“炸物”②）
味噌底料
- 白粗味噌 …… 300克
- 蒸馏酒 …… 100毫升
- 无酒精味醂 …… 50毫升
- 淡味酱油 …… 20毫升
- 浓味酱油 …… 20毫升

做法

1. 将切开的银鲳鱼浸在味噌底料中（见第144页“银鲳鱼西京烧”）。

2. 将莲藕去皮，切成5毫米厚，将年糕捣碎。将家山药切成方柱形。将款冬花茎的叶子一片片剥下。将酸橘切成四等份，去籽。

3. 将银鲳鱼切成适当的大小，在皮上划上几道浅痕。用铁钎串起，用小火烤至变色。

4. 将莲藕涂上小麦粉、蛋清、年糕碎，用160℃的油炸。将家山药放入含有少量油的平底锅中煎炒，撒上少量盐。将款冬花茎涂上天妇罗面衣，然后进行油炸。

5. 在食器中摆入银鲳鱼、莲藕、家山药、款冬花茎，然后放上酸橘。

➡ P101

【蒸物】

柚香蒸 伊势虾 六线鱼 生海胆
鲍鱼 菜花 裙带菜 生姜

材料 四人份

伊势虾（500克） …… 2只
生海胆 …… 1/2盒
六线鱼 …… 1条
鲍鱼（500克） …… 1只
菜花 …… 8根

裙带菜（干燥）……………… 100 克
柚子 …………………………… 2 个
八方汤底（见第 132 页“拼盆”①裙带菜盒荷兰豆的配料）
酒盐
| 酒 ………………………… 100 毫升
| 水 ………………………… 100 毫升
生姜酱汁
| 高汤 ……………………… 400 毫升
| 味醂 ……………………… 50 毫升
| 砂糖 ……………………… 2 大勺
| 盐 ………………………… 1 小勺
| 淡味酱油 ………………… 15 毫升
| 水溶葛粉 ………………… 适量
| 生姜汁 …………………… 15 毫升

做　法

1. 将伊势虾的头部和身体切离。将身体竖着对半切开，用水洗净。将身体切分成三等份。

2. 将六线鱼切成 3 片，撒上一层盐之后静置 20 分钟。然后将带肉骨头切成 3 毫米大小，切分成两等份。

3. 将鲍鱼用水洗净。浇上足量的酒之后，用小火蒸大约 3 个小时。冷却之后，将鲍鱼肉取出，除去肠、口、边缘。在表面划上格纹，切成 1 厘米厚。

4. 将菜花用盐水煮过之后，泡在冷却的八方汤底中。将泡发的裙带菜切成适当的大小，在热水中焯过之后泡在冷水中，之后将其泡在冷却的八方汤底中。将柚子切成圆片。将酒盐中的酒和水混合。

5. 制作生姜酱汁。在锅里加入高汤和调味料煮开，再加入水溶葛粉，使其变得黏稠，然后加入生姜汁。

6. 在焙烙上铺上石头，放上裙带菜、柚子。放入伊势虾、六线鱼、鲍鱼，浇上酒盐，盖上盖子之后用大火蒸约 5 分钟。将撒上盐的生海胆放在六线鱼上方，为了使菜花更显色，可以再多蒸 1 分钟。将生姜酱汁放在另外的食器中之后，再和其他配料放在一起。

➡ P101

【主食】
香箱饭
清香腌菜

材　料　四人份

香箱蟹 ………………………… 2 只
油炸豆腐 ……………………… 1/2 片
土生姜 ………………………… 20 克
米 ……………………………… 3 杯
酒 ……………………………… 10 毫升
腌菜 …………………………… 适量
汤汁
| 高汤 ……………………… 800 毫升
| 味醂 ……………………… 30 毫升
| 盐 ………………………… 1/2 小勺
| 淡味酱油 ………………… 15 毫升

做　法

1. 将香箱蟹在加了盐的热水中煮一遍，然后用网筛捞起。等到冷却之后，取出螃蟹肉、蟹黄、肠。将油炸豆腐去油，切丝。将土生姜切丝。

2. 在煮饭锅中加入洗好的米、汤汁、油炸豆腐、土生姜，然后开始煮饭。

3. 煮好了之后浇上酒，加入蟹身和蟹黄混合，然后用食器装盛。最后放上腌菜。

●二月【源于节气的点心】

➡ P102-103

甜煮什锦大豆 姜煮沙丁鱼
六线鱼山椒芽烧 甜煮贝壳
甜煮对虾 鱼糕 清炸胡桃 阿多福百合根
高野豆腐松肉
荷兰豆 稻荷寿司 细卷寿司 生姜

材　料　四人份

●甜煮什锦大豆
大豆 …………………………… 100 克
胡萝卜 ………………………… 30 克
干香菇 ………………………… 4 个
蒟蒻 …………………………… 1/3 块
海带 …………………………… 适量
汤汁
| 高汤 ……………………… 800 毫升
| 味醂 ……………………… 50 毫升
| 砂糖 ……………………… 2 大勺
| 浓味酱油 ………………… 80 毫升

●姜煮沙丁鱼
沙丁鱼 ………………………… 20 条
煮汤
| 水 ………………………… 200 毫升
| 醋 ………………………… 70 毫升
汤汁
| 酒 ………………………… 200 毫升
| 水 ………………………… 250 毫升
| 味醂 ……………………… 50 毫升
| 砂糖 ……………………… 1/2 大勺
| 糖稀 ……………………… 1 大勺
| 浓味酱油 ………………… 50 毫升
| 大豆酱油 ………………… 40 毫升
| 土生姜（生姜丝）……… 15 克

●六线鱼山椒芽烧
六线鱼 ………………………… 1 条
山椒芽 ………………………… 适量
酱汁（见第 127 页“鳗海八幡卷”）
…………………………………… 适量

●甜煮贝壳
贝壳 …………………………… 4 个
汤汁
| 高汤 ……………………… 300 毫升
| 酒 ………………………… 200 毫升
| 砂糖 ……………………… 2.5 大勺金
| 浓味酱油 ………………… 45 毫升

●甜煮对虾（见第 127 页“混盛”）

●鱼糕
瓜参 …………………………… 2 根
粗茶 …………………………… 适量
汤汁
| 高汤 ……………………… 300 毫升
| 酒 ………………………… 50 毫升
| 味醂 ……………………… 50 毫升
| 砂糖 ……………………… 1 大勺
| 浓味酱油 ………………… 30 毫升
熬炼鸡蛋（见第 134 页“唐墨玉子”）

●清炸胡桃
胡桃 …………………………… 4 个
甜盐（见第 133 页“炸物”②） 适量

●阿多福百合根
大叶百合根 …………………… 4 片
糖浆
| 水 ………………………… 200 毫升
| 砂糖 ……………………… 80 克

●高野豆腐松肉
高野豆腐 ……………………… 2 片
胡萝卜 ………………………… 20 克
豆角 …………………………… 5 根
生香菇 ………………………… 4 个
百合根 ………………………… 1/4 个
高野豆腐汤汁
| 高汤 ……………………… 800 毫升
| 砂糖 ……………………… 3 大勺
| 味醂 ……………………… 30 毫升
| 淡味酱油 ………………… 70 毫升
| 鲣鱼片 …………………… 5 克
鸡蛋食材
| 鸡蛋 ……………………… 2 个
| 蛋黄 ……………………… 2 个
| 高汤 ……………………… 30 毫升
| 味醂 ……………………… 15 毫升
| 淡味酱油 ………………… 15 毫升
| 蛋液（见第 130 页“碗装汤菜”①）
| …………………………………… 1 大勺

●荷兰豆
荷兰豆 ………………………… 8 片
配料（见第 132 页“拼盆”①）

●稻荷寿司
寿司皮 ………………………… 4 片
寿司饭（见第 137 页“鲭棒寿司”）
…………………………………… 适量
黑芝麻 ………………………… 适量
汤汁
| 高汤 ……………………… 400 毫升
| 味醂 ……………………… 25 毫升
| 白砂糖 …………………… 40 克

| 浓味酱油 ……………… 30 毫升

●细卷寿司 生姜
烤鳗鱼 …………………………2 条
黄瓜 …………………………1 根
海苔 …………………………2 片
寿司饭（见第 137 页"鲭棒寿司"）
……………………………… 适量
生姜（材料、做法见第 132 页"烧鲈鱼段"）

做　法
1. 制作**甜煮什锦大豆**。将大豆在水中浸泡一日。之后将其放入锅中，加入大量的水，煮到豆子开始轻微浮起来的时候，调整火候。慢慢加入水，使温度下降，然后浸泡 1 小时。将胡萝卜切成 7~8 毫米的小丁。将泡发的干香菇煮好（见第 128 页"甜煮干香菇"），然后切成 8 毫米的小丁。将蒟蒻切成 8 毫米的小丁，在热水中焯过之后捞起。将莲藕和用水泡发的海带切成 8 毫米的小丁。在锅中加入大豆、蔬菜、高汤、味醂、砂糖，调整火候，慢煮约 10 分钟左右。加入浓味酱油，再煮 10 分钟。然后关火收汁。

2. 制作**姜煮沙丁鱼**。 将沙丁鱼用水洗净。放入锅中，加入煮汤，盖上盖，煮大约 15 分钟。然后将煮汤倒去，加入酒和水，开火。之后将火调成小火，加入味醂、砂糖、糖稀，煮大约 10 分钟。加入浓味酱油、大豆酱油、生姜丝，用小火煮至汤汁还剩锅底的一小部分。然后关火，使其入味。

3. 制作**六线鱼山椒芽烧**。 将六线鱼片成 3 片，撒上盐之后，静置 30 分钟。将六线鱼串起并烧烤。中途涂 2~3 遍酱汁，并烤至干燥。然后撒上山椒芽的叶子。

4. 制作**甜煮贝壳**。将贝壳肉煮至柔软，然后泡在水中，之后加入汤汁一起煮，然后静置冷却，使其入味。

5. 制作**甜煮对虾**（见第 128 页"混盛"）。

6. 制作**鱼糕**。将瓜参泡在水中，使其变得有弹性。从腹侧竖着切开，去除腹中的筋。在锅中倒入粗茶和瓜参煮，煮开之后静置冷却。反复加入粗茶，一直煮到瓜参能用手撕碎的程度。用汤汁煮大约 10 分钟，然后冷却使其入味。制作蛋黄液（见第 134 页"唐墨玉子"）。将瓜参的水沥干，和蛋黄液放在一起。

7. 制作**清炸胡桃**。将胡桃泡在温水中去皮，放在 160℃的油中进行清炸。然后趁热撒上甜盐。

8. 制作**阿多福百合根**。将大叶百合根用盐水煮过之后泡在冷水中。然后捞起浇上糖浆。

9. 制作**高野豆腐松肉**。将高野豆腐泡在大量约 80℃的热水中，然后捞起沥干。在锅中加入高野豆腐、高汤、砂糖、味醂、鲣鱼片，用小火煮约 5 分钟，之后加入淡味酱油，再煮 5 分钟。然后关火，使其入味。将生香菇切成 3 毫米大小的小丁，将豆角切成 5 毫米大小，然后各自用盐水煮。在锅中加入胡萝卜、香菇、豆角、百合根、搅匀的蛋液、蛋黄、高汤、味醂、淡味酱油，用小火煮。

充分混合搅拌，等到鸡蛋变成半熟状态的时候，沥干水，冷却之后和蛋液混合（松肉原料）。将高野豆腐的汤汁稍微沥干，从中央部分切开，涂上葛粉，包裹上松肉原料。然后用纱布包起，用中火蒸 10 分钟。之后将其放入高野豆腐的汤汁中，煮 5 分钟，然后冷却。

10. 荷兰豆用盐水煮过之后泡在配料中。

11. 制作**稻荷寿司**。将寿司皮去油，然后沥干。斜着对半切开，将切口以袋状展开。将汤汁煮沸之后加入寿司皮，用小火煮至只剩少量汤汁。然后静置冷却使其入味。在寿司饭中加入煎过的黑芝麻和少量汤汁进行调味。将寿司皮的汤汁沥干，然后塞入寿司饭，最后调整成三角形的形状。

12. 制作**细卷寿司**。将烤鳗鱼切成海苔长度的棒状。将黄瓜切成和鳗鱼一样的棒状，并且去籽。在海苔上摊开寿司饭，将鳗鱼和黄瓜卷起来。

●三月【女儿节宴席】

➡ P104-105
【前菜】
炙烤扇贝 温泉蛋　香葱 鱼子酱 炸土豆 甜醋

材　料　四人份
扇贝肉 …………………………4 个
鸡蛋（S 号） ……………………4 个
小葱 ………………………… 适量
土豆 …………………………1 个
鱼子酱 ……………………… 适量
甜醋
| 醋 ………………………… 30 毫升
| 高汤 ………………………200 毫升
| 砂糖 ………………………… 1 大勺
| 淡味酱油 ………………… 30 毫升
| 盐 ………………………… 少量

做　法
1. 在锅中加入甜醋的高汤、砂糖、盐、淡味酱油，煮沸之后加入醋，然后将锅放在水中冷却（甜醋）。

2. 将扇贝的贝肉除筋，放在加热后的平底锅内煎。然后用冰毛巾包裹冷却。

3. 制作温泉蛋（见第 130 页"带鱼海带"）。将小葱洗过之后，泡在水中，切成 4 厘米长。将土豆切丝，泡在水中然后沥干。用 170℃的油炸，炸到变色并且不再冒泡为止。

4. 在食器中装入扇贝、温泉蛋、小葱、鱼子酱，将土豆以天盛式摆放，最后添上甜醋。

➡ P104
【汤】
酒煎花蛤 芝麻豆腐 油菜 山椒芽

材　料　四人份
花蛤 ……………………………8 个
菜花 ……………………………8 根
芝麻豆腐
| 白芝麻 ………………………2 杯
| 水 ……………………… 2000 毫升
| 葛粉 …………………………150 克
| 盐 ………………………… 1/2 小勺
山椒芽
八方汤底、汤底（见第 130 页"碗装汤菜"①）

做　法
1. 制作芝麻豆腐。将白芝麻在水中浸泡 8 小时，然后用网筛捞起。在榨汁机中加入 400 毫升水和芝麻，搅拌至黏稠状态之后倒入研钵中。加入剩下的水放入纱布袋中，然后放在大碗中不断揉搓，充分擦干水。加入葛粉和盐，搅拌过滤之后放入锅中，用中火加热。加热时用木勺子搅拌，约 20 分钟。当液体变得黏稠的时候，转移到蒸笼中。将蒸笼底部浸泡在冰水中冷却，然后盖上弄湿的保鲜膜，放入冰箱中充分冷藏。之后取出，切成适当的大小。

2. 将花蛤和 100 毫升酒一起放入锅中，盖上盖子，用强火加热。等到开口的时候，将花蛤取出。将蒸过的汤汁过滤。将蛤肉取出，划上几道痕迹。

3. 将菜花用盐水煮过之后，浸泡在八方汤底中。

4. 将汤汁煮开。将蛤、芝麻豆腐、菜花加热后放在食器中，浇上热汤汁，放上山椒芽。

➡ P105
【刺身】
鲷鱼刺身 家山药 土当归卷丝 青芥末 淡酱油

材　料　四人份
鲷鱼（1.2 千克） ……………1/2 条
家山药 ……………………… 适量
土当归 ……………………… 适量
青芥末 ……………………1/2 根
淡酱油
| 土佐酱油（见第 126 页"平切"）
| …………………………… 50 毫升
| 高汤 ……………………… 50 毫升

做法

1. 将土佐酱油和高汤混合制作成淡酱油。

2. 将家山药切丝。将土当归切成卷丝（见第 126 页）。

3. 将鲷鱼上身去皮，切成 5 毫米厚的切片。将鲷鱼盛盘，配上家山药、土当归卷丝、青芥末泥。最后加入淡酱油。

➡ P105

【烧烤物八寸】

味噌幽庵烧竹笋 甘鲷白酒烧 酱烤款冬花茎 炸蚕豆 拌白鱼子 鳗鱼烧 樱花家山药 金柑鲑鱼子 花瓣百合根

材料 四人份

●味噌幽庵烧竹笋

竹笋 ……1 根

味噌幽庵酱

- 白粗味噌 ……100 克
- 酒 ……50 毫升
- 味醂 ……50 毫升
- 淡味酱油 ……50 毫升

●甘鲷白酒烧

甘鲷（1.2 千克） ……1/2 条

白酒衣

- 白酒 ……100 毫升
- 蛋清 ……2 个量

●酱烤款冬花茎

款冬花茎 ……4 个

芥子 ……适量

白扇皮

- 猪牙花淀粉 ……4 大勺
- 水 ……30 毫升

赤练味噌（见第 135 页“小芋头、酱炸粟麸”赤酱味噌）

●炸蚕豆

蚕豆 ……4 粒

蛋清 ……适量

熟糯米粉 ……适量

肉末

- 虾末 ……40 克
- 白身鱼末 ……10 克
- 蛋清 ……少量
- 盐 ……少量
- 水溶葛粉 ……少量

●拌白鱼子

白鱼 ……20 条

干鱼子 ……适量

蛋清 ……适量

●鳗鱼烧

鳗鱼 ……4 条

鳗鱼汤汁（见第 128 页“鳗鱼博多真薯”）

原料

- 白身鱼肉末 ……100 克
- 蛋白 ……1/2 个量
- 无酒精味醂 ……15 毫升
- 砂糖 ……1 小勺
- 淡味酱油 ……5 毫升
- 海带汤 ……40 毫升
- 水溶葛粉 ……少量

●樱花家山药

家山药 ……5 厘米

赤梅醋 ……少量

甜醋（见第 137 页“鲭棒寿司”）

●金柑鲑鱼子

鲑鱼子（盐渍） ……50 克

金柑 ……4 个

●花瓣百合根

百合根 ……1/4 个

糖浆

- 水 ……200 毫升
- 细砂糖 ……65 克
- 赤梅醋 ……适量

做法

1. 制作**味噌幽庵烧竹笋**。将煮过的笋（见第 138 页“煮嫩笋”的前端部分竖着切开。将竹笋串起来烤制。将味噌幽庵酱料在竹笋上涂 2~3 遍，然后烤至干燥。

2. 制作**甘鲷白酒烧**。将片好的甘鲷除去腹骨，撒上一层盐之后，放置约 40 分钟。用水洗净之后沥干，切分成 4 块。在带皮侧划几道痕，用铁钎串起。将蛋清打发，加入白酒制作成白酒衣。将甘鲷带皮侧用强火烤，然后反身烤肉侧，之后在带皮侧涂上白酒衣，继续烤至变色。

3. 制作**酱烤款冬花茎**。将款冬花茎外侧的叶子去除，使里面的花蕾露出。将款冬花茎涂上白扇皮，用 160℃的油炸。将赤练味噌放在花蕾上方，然后撒上芥子。

4. 制作**炸蚕豆**。将虾的壳和虾线去除，在研钵中和白身鱼末混合，加入蛋清、盐、肉末。将蚕豆剥去薄皮，对半切开，在切口涂上熟糯米粉。将其包裹到肉末中，还原到之前的蚕豆形状，用 160℃的油炸至变色。

5. 制作**拌白鱼鱼子**。将白鱼在盐水（见第 126 页）中浸泡 30 分钟。每 5 条白鱼用铁钎串在一起，沥干。在表面裹一层蛋清，涂上干鱼子，用 160℃的油炸。

6. 制作**鳗鱼烧**。将鳗鱼做成煮鳗鱼（见第 129 页“鳗鱼博多真薯”）。在研钵中放入配料混合，调整味道和柔软度。在蒸笼中放入煮鳗鱼，将带皮侧向上摆放，然后撒上葛粉，放上原料。用小火蒸 20 分钟。之后从蒸笼中取出，压上几块石头，冷却后切成适当的大小。

7. 制作**樱花家山药**。将家山药切成樱花的形状，在盐水中浸泡约 15 分钟，然后再浸泡在加入少量赤梅醋的甜醋中。

8. 制作**金柑鲑鱼子**。将鲑鱼子用水洗净，除去盐分。然后用酒冲洗，之后沥干。将金柑作为容器，将鲑鱼子塞入其中。

9. 制作**花瓣百合根**。将百合根的小叶一端切成 V 字形，除去周围其他的叶子。用盐水将其煮至半透明，然后浸在加了赤梅醋的糖浆中。

➡ P105

【煮物】

鸡蛋鲷鱼子 甜炖新牛蒡 山椒芽

材料 四人份

鲷鱼子 ……2 肚

鸡蛋 ……2 个

新牛蒡 ……4 根

山椒芽 ……12 片

鲷鱼子汤汁（见第 140 页“煮鲷鱼子”）

盐水 ……适量

淘米水 ……适量

新牛蒡的汤汁

- 高汤 ……400 毫升
- 酒 ……100 毫升
- 砂糖 ……2 小勺
- 淡味酱油 ……30 毫升

做法

1. 煮鲷鱼子（见第 140 页“煮鲷鱼子”）。

2. 将新牛蒡切成 4 厘米长，用淘米水煮至有嚼劲之后，泡在水中。将叶子的部分用盐水煮过，切成 4 厘米长。将汤汁煮开，和叶子一起煮过之后，连锅一起放在冷水中冷却。

3. 重新加热煮鲷鱼子，并加入搅匀的蛋液。等到鸡蛋加热至半熟了之后，将其盛在食器中，添入温热的牛蒡，将山椒芽以天盛式摆放。

➡ P105

【主食】

竹笋饭 咸酱汤 清香腌菜

材料 四人份

竹笋 ……1 根

米 ……3 杯

油炸豆腐 ……1/2 片

蕨菜 ……12 根

八方汤底

- 高汤 ……400 毫升
- 味醂 ……30 毫升
- 盐 ……少量
- 淡味酱油 ……25 毫升

混合汤汁

- 高汤 ……600 毫升
- 味醂 ……10 毫升

盐 ……………………… 2/3 小勺
淡味酱油 ……………… 30 毫升

做　法

1. 将煮过的笋的前端竖着切成 5 毫米厚的薄片。在烤网上烤至变色。将油炸豆腐去油之后切丝。将蕨菜处理之后，放在冷却的八方汤底中。

2. 在煮饭锅中放入洗好的米、混合汤汁、竹笋、油炸豆腐，然后开始煮饭。

3. 等饭煮好了之后，加入蕨菜，将饭盛出，可以配上红汤和腌菜食用。

●四月【赏花点心】

➡ P106-107

【第一层】

鲭鱼西京烧 扇贝烤山椒芽 白鱼子烧 粉鲣鱼南蛮烧 甜煮鲷鱼子
竹笋土佐煮 樱煮章鱼 白煮小芋头
甜煮款冬
百合根红白金团 荚果蕨
花瓣百合根
楤树嫩芽

【第二层】

樱叶包寿司 手卷寿司 细卷寿司 花瓣生姜 生姜

材　料 四人份

< 第一层 >

●鲭鱼西京烧

鲭鱼 ……………………… 1/2 条
味噌底料
　白粗味噌 ……………… 1 千克
　甜酒 ……………………… 200 克
　酒 ………………………… 100 毫升
　味醂 ……………………… 100 毫升

●扇贝烤山椒芽

扇贝 ……………………… 4 个
山椒芽 …………………… 1/2 盒
酱汁（见第 139 页“平贝山椒芽烧”）

●白鱼子烧

白鱼 ……………………… 20 条
蛋黄 ……………………… 2 个
干海参 …………………… 1/2 片

●粉鲣鱼南蛮烧

粉鲣鱼（1.4 千克） ………… 1/2 条
南蛮醋
　高汤 ……………………… 600 毫升
　醋 ………………………… 100 毫升
　砂糖 ……………………… 3 大勺
　味醂 ……………………… 60 毫升
　淡味酱油 ………………… 65 毫升
　浓味酱油 ………………… 30 毫升
小洋葱 …………………… 4 个
白葱 ……………………… 2 根
土生姜 …………………… 少量
干辣椒 …………………… 2 根

●甜煮鲷鱼子

鲷鱼子 …………………… 1 腹
汤汁（见第 140 页“煮鲷鱼子”）

●竹笋土佐煮

竹笋 ……………………… 1 根
汤汁（见第 138 页“煮嫩笋”）

●樱煮章鱼

章鱼 ……………………… 2 只
山椒芽 …………………… 适量
汤汁（见第 141 页“樱煮章鱼”）

●白煮小芋头 甜煮款冬

小芋头 …………………… 4 个
款冬 ……………………… 2 根
白煮小芋头汤汁
　高汤 ……………………… 300 毫升
　味醂 ……………………… 30 毫升
　盐 ………………………… 1/3 小勺
　淡味酱油 ………………… 5 毫升
　鲣鱼片 …………………… 5 克
款冬青煮汤汁（见第 138 页“煮嫩笋”）

●百合根红白金团

百合根 …………………… 2 个
盐 ………………………… 少量
细砂糖 …………………… 适量
赤梅醋 …………………… 适量

●荚果蕨 花瓣百合根 楤树嫩芽

荚果蕨 …………………… 4 根
楤树嫩芽 ………………… 4 根
花瓣百合根（材料、做法均参照前页）
配料
　高汤 ……………………… 300 毫升
　味醂 ……………………… 20 毫升
　淡味酱油 ………………… 20 毫升
　盐 ………………………… 1/3 小勺

【第二层】

●樱叶包寿司

鳟鱼 ……………………… 2 条
白板海带 ………………… 1 片
寿司饭（见第 137 页“鲭棒寿司”）
…………………………… 适量
樱叶 ……………………… 8 片

●手卷寿司

针鱼 ……………………… 2 条
白板海带 ………………… 1 片
魁蛤 ……………………… 4 个
对虾 ……………………… 4 只
鸟蛤（煮过的） …………… 4 个
寿司饭（见第 137 页“鲭棒寿司”）
…………………………… 适量

●细卷寿司

葫芦干 …………………… 30 克
厚蛋烧（见第 143 页） ……… 1/4 片
芹菜 ……………………… 1 束
寿司饭（见第 137 页“鲭棒寿司”）
…………………………… 适量
海苔 ……………………… 2 片
汤汁
　高汤 ……………………… 600 毫升
　砂糖 ……………………… 3 大勺
　味醂 ……………………… 40 毫升
　浓味酱油 ………………… 50 毫升

●花瓣生姜 生姜

土生姜 …………………… 30 克
生姜 ……………………… 8 根
甜醋（见第 129 页“醋渍野姜”）

做　法

1. 制作**鲭鱼西京烧**。将鲭鱼切成 3 片，取出腹骨。撒上一层盐之后静置约 30 分钟。洗去表面的盐，然后沥干。将其浸泡在味噌底料中。擦去表面的味噌，切成适当的大小，并在外皮划上几道痕。用铁钎串起，用小火烤制。

2. 制作**扇贝烤山椒芽**。将扇贝贝肉的薄皮和白色坚硬的部分除去。用铁钎串起，表面用强火烤制，烤到表面变干了之后，换一面烤。等到表面开始变色了之后，用刷毛在表面反复刷 2~3 遍酱汁，并烤干。烤完了之后再撒上山椒芽。

3. 制作**白鱼子烧**。将白鱼在盐水中浸泡约 15 分钟。将 5~6 条白鱼的鱼尾聚集在一起，串成串之后晾干。等到白鱼表面干燥了之后，用刷毛刷上蛋黄液，涂上切碎的干海参，然后烤至蛋黄变干。用小火炙烤。

4. 制作**粉鲣鱼南蛮烧**。制作南蛮醋。将小洋葱切成 3 毫米大小的圆片，用少量油炒。将白葱放在烤网上烤过之后，切成 3 厘米长。将土生姜切丝。将干辣椒去籽。将南蛮醋的高汤和调味料混合煮沸，趁热加入小洋葱、白葱、生姜、干辣椒，然后静置冷却。将粉鲣鱼片切成 3 片，撒上盐之后静置 30 分钟。然后将表面的盐洗去，切成适当的大小。用铁针将鱼肉串起，进行烤制。将烤好的粉鲣鱼浸在南蛮醋中 1 天。

5. 甜煮**鲷鱼子**见第 140 页“煮鲷鱼子”。

6. 制作**竹笋土佐煮**。将煮过的竹笋前端竖着切开，将根部切成 2 厘米厚的半月形切片。然后见第 138 页“煮嫩笋”进行接下来的操作。

7. 制作**樱煮章鱼**。见第 141 页“樱煮章鱼”。摆盘时添上山椒芽。

8. 制作白**煮小芋头**和**甜煮款冬**。将小芋头切开之后用热水煮(见第 128 页“煮芋头”)。款冬用盐水煮过之后去筋（见第 138 页“煮嫩笋”）。将其切成 4 厘米长，和汤汁一起煮。之后用网筛捞起，用团扇扇风，使其快速冷却。然后将款冬放回冷却后的汤汁中。

9. 制作**百合根红白金团**。将百合根一片片分开，放入网筛中用火蒸，然后趁热过滤，加入少量盐和细砂糖。将一半放入赤梅醋中染色，将红白原料适量混合，然后用茶巾包覆，印上纹路。

10. 制作**荚果蕨、花瓣百合根和楤树嫩芽**。将荚果蕨和楤树嫩芽在加入草木灰的热水中煮制，然后泡在水中，之后浸泡在煮开后冷却的配料中。花瓣百合根的处理参照上页。

11. 制作**樱叶包寿司**。将鳕鱼片成3片，在盐水中浸泡15分钟之后，用白板海带包裹，放置3~4个小时。然后将其去皮，切成4厘米长的切片，放在寿司饭中捏成手握寿司，用樱叶包裹。

12. 制作**手卷寿司**。将针鱼片成3片，在盐水中浸泡15分钟之后，用白板海带包裹放置3~4个小时，切成4厘米的大小。将魁蛤从壳中取出，切成两片，去肠。在魁蛤肉上涂满盐然后揉搓，之后用水洗净，除去表面的黏液。然后在表面划上格纹。将对虾的头、虾线除去，用铁钎串起，用盐水煮过之后，泡在冷水中。将对虾去壳破腹，对半切开。将鸟蛤用醋水洗过之后对半切开。将各种配料和寿司饭一起放在纱布中，捏成圆形。

13. 制作**细卷寿司**。将葫芦干泡发之后煮制（见第132页）。在锅中将汤汁烧开，放入葫芦干，盖上盖子，将汤汁几乎煮干。将厚蛋烧切成5毫米的小丁。将芹菜杆在热水中焯过然后泡在冰水中。将海苔铺在卷帘上，将寿司饭摊开，然后以芹菜为中心卷起。

14. 制作**花瓣生姜**和**生姜**。将生姜切成花瓣的形状，在热水中焯过之后，撒上一层盐，静置冷却，然后泡在甜醋中。详见第132页“烧鲈鱼段”。

●五月【端午节宴席】

➡ P108
【前菜】
粽寿司 甜煮鲍鱼 山椒芽冻

材料 四人份

●粽寿司

鳕鱼 ……6条
白板海带 ……2片
寿司饭（见第137页“鲭棒寿司”）……适量
粽叶 ……24片
灯芯草 ……12根
艾草 ……适量

●甜煮鲍鱼

鲍鱼（500克）……1只
鲍鱼汤汁
- 高汤 ……1000毫升
- 酒 ……200毫升
- 味醂 ……10毫升
- 砂糖 ……1/3大勺
- 淡味酱油 ……10毫升
- 浓味酱油 ……10毫升
- 土生姜 ……20克
- 有马山椒 ……2大勺

山椒芽冻
- 山椒芽 ……1/2盒
- 醋 ……50毫升
- 高汤 ……75毫升
- 淡味酱油 ……50毫升
- 明胶 ……2片

做法

1. 制作粽寿司。将鳕鱼片好，取出腹骨。在盐水中将鳕鱼浸泡15分钟，用白板海带包裹放入冰箱。制作好寿司饭，将鳕鱼去皮，然后制作成手握寿司。将两片粽叶呈扇型重叠，放上手握寿司后卷起，然后和艾草一起用灯芯草绑住。

2. 将鲍鱼从壳中取出，切去肝。将其和汤汁中的高汤、酒一起放入压力锅中煮。沸腾15分钟之后，静置冷却。之后取出鲍鱼，汤汁中加入剩下的调味料，再放入鲍鱼、土生姜薄片、有马山椒一起，用小火煮10分钟。然后静置一晚。制作山椒芽冻。在锅中放入高汤和淡味酱油煮开，加入泡发的明胶，加醋，然后冷却凝固。之后混入山椒芽叶。将鲍鱼切成1厘米厚，然后盛盘，再放上山椒芽冻。

➡ P108
【汤 清汤底】
酒蒸甘鲷 豆角 土当归 山椒芽

材料 四人份

甘鲷（1.2千克）……1/2条
土当归 ……1/4根
豆角 ……4根
水 ……1000毫升
爪海带 ……1片
盐 ……适量
酒 ……30毫升
山椒芽 ……12片

做法

1. 将甘鲷去鳞，片成3片，取出腹骨，撒盐之后，放置约40分钟。之后除去带血的骨头，用水洗净然后切开。

2. 将甘鲷的头切开，和中骨等一起放入大腕中，撒上盐之后静置1小时30分钟。然后用水洗净，倒入沸腾的热水。之后浸泡在冷水中，除去剩下的黏液，洗净。

3. 在锅里倒入所需分量的水、鲷鱼骨、爪海带，然后开火。等液体表面开始冒泡的时候，调整火候，再煮一段时间以除去涩味。之后过滤。

4. 将土当归切成1.5厘米宽、5厘米长的切片，然后泡在水中。在热盐水中焯过之后，浸在冷水中。将豆角切分成4段，用盐水煮。

5. 在盘中铺上海带，并整齐地摆放鲷鱼。浇上适量的酒（菜单所示分量之外），蒸好之后，盛在碗里。

6. 将汤底煮开。将步骤3中的高汤加热，加入盐调味，然后加入酒。

7. 将土当归和豆角加入少量汤汁加热，之后盛入碗中。浇上热汤汁，最后放上山椒芽。

➡ P109
【刺身】
鲣鱼刺身 黑鲪鱼刺身 野姜丝
锚形珊瑚菜 菖蒲土当归 青芥末 土生姜
土佐酱油

材料 四人份

鲣鱼 ……1/4条
黑鲪鱼 ……1条
野姜 ……2个
珊瑚菜 ……4根
土当归 ……1/5根
青芥末 ……1/2根
土生姜 ……30克
土佐酱油（见第126页“平切”）……适量

做法

1. 将鲣鱼片好，除去腹骨和带血的肉。将外皮用喷枪炙烤，之后片成1厘米大小的切片。

2. 将黑鲪鱼片成3片，除去腹骨、带血的骨头。去皮，切成3毫米厚的切片。在大碗中倒入冰水，放入黑鲪鱼，混合洗净，然后放入新的冰水中，直至浸泡到肉身变白并且开始缩小，大约3~4分钟。在网筛中铺上萝卜叶，将鱼肉不重叠地摆放，然后沥干。

3. 将野姜制作成野姜丝（见第128页“混盛”）。将珊瑚菜制作成锚形珊瑚菜。

4. 将土当归切成菖蒲花的形状（菖蒲土当归）。

5. 在食器中铺上野姜丝，放上鲣鱼、黑鲪鱼，再添上菖蒲土当归、锚形珊瑚菜、青芥末泥、土生姜泥。最后添上土佐酱油。

➡ P109**【饭食】**
煮蛤蒸饭

材料 四人份

蛤 ……8个
酒 ……30毫升
糯米 ……2杯
山椒芽 ……适量
蛤的汤汁
- 高汤 ……300毫升
- 蒸蛤汤 ……50毫升

味醂 ························ 50毫升
砂糖 ························ 1/2大勺
浓味酱油 ···················· 45毫升
大豆酱油 ···················· 15毫升

酒盐

酒 ························ 50毫升
水 ························ 200毫升
盐 ························ 6克

做 法

1. 将糯米洗净之后在水中浸泡一晚。将糯米用网巾包起，用中火蒸大约20分钟。在混合的酒盐中加入糯米，混合后使其入味。

2. 将蛤进行酒蒸，等到开口之后，将蛤肉从壳中取出，并在表面划上格纹。之后将蒸汤过滤。将汤汁煮沸后冷却，倒入蛤肉。

3. 将糯米放入食器中，放上步骤2中的煮蛤，蒸约10分钟。撒上山椒芽叶。

➡ P109

【烧烤物】

河鳟鱼山椒芽烧

材 料 四人份

河鳟鱼 ························ 1条
山椒芽 ························ 1/2盒
酱汁（见第127页"鳗海八幡卷"）

做 法

1. 将河鳟鱼片成3片，取出腹骨，撒上盐之后放置约40分钟。除去带血的骨头，将盐洗净。之后将其沥干，切成适当的大小。

2. 将鱼片串成串，进行烧烤。在鱼片上涂2~3遍酱汁，然后烤干。烤完之后撒上山椒芽。

➡ P109

【煮物】

涮牛肉 牛排肉 青葱 蛋黄泥醋

材 料 四人份

牛里脊肉（薄片）·············· 400克
九条葱 ························ 2束

混合汤汁

高汤 ························ 650毫升
酒 ························ 100毫升
味醂 ························ 50毫升
淡味酱油 ···················· 50毫升

蛋黄泥醋

高汤 ························ 75毫升
砂糖 ························ 1/2大勺
淡味酱油 ···················· 15毫升
醋 ························ 50毫升
萝卜泥 ························ 150克
蛋黄 ························ 2个

做 法

1. 将牛里脊肉切成方便食用的大小。将九条葱的葱叶切成4厘米长，白色葱白斜着切成4厘米长。

2. 将混合汤汁的酒和味醂煮开，加入高汤、淡味酱油再煮开。

3. 在蛋黄泥醋的高汤中，加入除醋以外的调味料，煮沸之后加入醋，然后关火。冷却之后，加入萝卜泥和蛋黄。

4. 在食器中摆入牛里脊肉、九条葱，在锅里倒入混合汤汁并加热。将蛋黄泥醋倒入食器中。

➡ P109

【炸物】

干贝炸海胆 炸豌豆 柠檬 甜盐

材 料 四人份

扇贝贝肉 ························ 4个
生海胆 ························ 1/4盒
豌豆 ························ 200克
柠檬 ························ 适量
小麦粉 ························ 少量
天妇罗皮、甜盐（见第133页"炸物"②）

做 法

1. 将扇贝贝肉除筋，对半切开，用盐水洗净之后沥干。在切口部分划痕，填入海胆。然后煮豌豆（见第140页"烧烤物八寸"）。

2. 在扇贝表面涂上薄薄的小麦粉，再裹上天妇罗面衣，用170℃的油炸。在豌豆表面涂上薄薄的小麦粉，再裹上少量天妇罗皮，用165℃的油炸。

3. 将扇贝肉和豌豆盛盘，添上柠檬和甜盐。

➡ P109

【主食】

芦笋饭 蛤蜊红酱汤 清香腌菜

材 料 四人份

米 ························ 3杯
芦笋 ························ 6根
油炸豆腐 ························ 1片
鸡胸肉 ························ 1块
小干白鱼 ························ 100克
油 ························ 少量

混合汤汁

高汤 ························ 800毫升
味醂 ························ 10毫升
盐 ························ 2/3小勺
淡味酱油 ···················· 30毫升

蛤蜊红酱汤腌菜

做 法

1. 将芦笋去皮，切成4厘米长的棒状，用盐水煮。

2. 将油炸豆腐去油，沥干之后切丝。

3. 将鸡胸肉去筋，然后切开，撒上盐、酒，蒸5分钟。等到其冷却后，切成方便食用的大小。

4. 将小干白鱼放入热水中煮2分钟，用网筛捞起。之后在平底锅中倒入少量油，炒至酥脆。

5. 在煮饭锅中加入洗过的米、混合汤汁、油炸豆腐，然后煮饭。煮好了之后，在其中放入芦笋和鸡胸肉，盖上干毛巾，蒸约10分钟。加入小干白鱼，全体混合搅拌，然后盛盘。最后添上蛤蜊红酱汤和腌菜。

●六月【水无月的松花堂便当】

➡ P110

【前菜】

水无月芝麻豆腐 生海胆 黑豆 青芥末 淡酱油

材 料 四人份

芝麻豆腐（见第155页）······ 适量
生海胆 ························ 1/3盒
蜜煮黑豆 ························ 4粒
青芥末 ························ 适量

淡酱油

高汤 ························ 150毫升
味醂 ························ 20毫升
浓味酱油 ···················· 90毫升
鲣鱼片 ························ 适量

做 法

1. 制作淡酱油。将高汤、味醂、浓味酱油混合煮开，然后关火，加入鲣鱼片。之后过滤冷却。

2. 将芝麻豆腐切成三角形并装盘，放上生海胆、蜜煮黑豆、青芥末泥，周围倒入淡酱油。

➡ P111

【刺身】

鲷鱼刺身 炸对虾刺身 锚形珊瑚菜 水前寺海带 青芥末 土佐酱油

材 料 四人份

鲷鱼（1.5千克）·············· 1/2条
对虾（40克）·················· 4条
珊瑚菜 ························ 4根
水前寺海苔 ·············· 3厘米方形
青芥末 ························ 1/2根
土佐酱油（见第126页"平盛"）

做 法

1. 将珊瑚菜制作成锚形珊瑚菜（见第126页）。

2. 将水前寺海苔在水中浸泡 5~6 个小时，在热水中将其焯过之后，浸泡在冷水中，然后切成适当的大小。

3. 将鲷鱼切片。将对虾的头和虾线取出，用 170℃的油炸，之后放入冰水中，除去虾壳，切成两等份。

4. 在食器中摆入鲷鱼、对虾，配上锚形珊瑚菜、水前寺海苔、青芥末泥。最后添上土佐酱油。

➡ P111

【烧烤物八寸】
厚蛋烧 刺鲳鱼幽庵烧
甜煮大口大马哈鱼
炸河虾
鳗鱼沙拉
醋渍生姜
青辣椒
丸十、莲饼青竹刺

材料 四人份

●厚蛋烧（见第 134 页）

●刺鲳鱼幽庵烧

刺鲳鱼（200 克）……2 条
柚子……适量
幽庵酱料（见第 131 页“幽庵烤带鱼”）

●甜煮大口大马哈鱼

大马哈鱼……20 条
汤汁
 粗茶……300 毫升
 醋……5 毫升
 酒……400 毫升
 砂糖……1/2 大勺
 味醂……40 毫升
 糖稀……1 大勺
 浓味酱油……30 毫升
 大豆酱油……15 毫升
 土生姜……适量

●炸河虾

河虾……4 只
甜盐（见第 133 页“炸物”②）

●鳗鱼沙拉

鳗鱼（400 克）……1/4 条
花丸黄瓜……2 根
酱汁（见第 127 页“鳗海八幡卷”）
……适量
生姜醋（见第 139 页“生鲅鱼寿司”）

●醋渍生姜（见第 129 页）……2 个

●青辣椒

青辣椒……4 根
甜盐（见第 133 页“炸物”②）

●丸十、莲饼青竹刺

甜煮番薯（材料、做法均见第 131 页“烧鲈鱼段”）

莲饼
 莲藕（泥）……350 克
 蛋清……1/2 个量
 生淀粉……30 克
 鸡蛋液（见第 130 页“汤菜”①）
 ……5 大勺
 盐……1/2 小勺

酱汁
 酒……25 毫升
 味醂……50 毫升
 砂糖……1/2 大勺
 浓味酱油……50 毫升
 山椒粉……适量

做法

1. 制作厚蛋烧（见第 143 页）。从蒸笼中将厚蛋烧取出，冷却后切成适当的大小。

2. 制作刺鲳鱼幽庵烧。将幽庵酱料所需材料混合，并且加入切成圆片的柚子。将刺鲳鱼片成 3 片，撒上盐之后放置 20 分钟。除去带血的骨头，洗去表面的盐，在幽庵酱料中浸泡约 15 分钟。沥干酱料之后，串成串进行烧烤。涂 2~3 遍幽庵酱料，然后烤至干燥。

3. 制作甜煮大口大马哈鱼。将数条大口大马哈鱼用铁钎串起烤制。在锅里铺上薄板，将鱼并列排放，放入粗茶和醋，然后用小火煮。等汤汁开始冒泡的时候，加入酒、土生姜、砂糖、味醂、糖稀，然后用小火煮。煮到汤汁剩一半量之后，加入浓味酱油。之后关火，静置 1 日。然后再次用小火加热，并加入大豆酱油。等到鱼的表面变成酱油色了之后，关火静置，使其入味。

4. 制作炸河虾。将河虾除去须角，用 160℃~170℃的油炸。然后撒上甜盐。

5. 制作鳗鱼沙拉。将黄瓜撒盐在砧板上揉搓，使其显色。将黄瓜切开之后，在盐水中浸泡 10 分钟。将鳗鱼开腹，切成小段。串成串之后进行烧烤。涂 2~3 遍酱汁，然后烤至干燥，切成 1 厘米大小。将黄瓜沥干，然后将鳗鱼和黄瓜盛盘，浇上生姜醋。

6. 制作醋渍生姜（见第 129 页）。

7. 将青辣椒切蒂去籽。用 160℃的油炸制，撒上甜盐。

8. 制作丸十、莲饼青竹刺。将莲藕切碎，适当除去水分。称量 350 克莲藕，加入蛋清、生淀粉、鸡蛋液、盐，混合搅拌，放入蒸笼中蒸 15 分钟。蒸好了之后放入椭圆形容器中。在平底锅中倒入油并加热，将两面充分煎过之后，浇上酱汁。然后撒上适量山椒粉（莲饼）。将甜煮番薯和莲饼用青竹串串起。

➡ P111

【煮物】
甜煮夏鸭 煮南瓜 甜煮芋茎 菠菜 生姜丝 山椒芽

材料 四人份

●甜煮夏鸭

鸭胸肉……1 片
葛粉……适量
汤汁
 高汤……450 毫升
 酒……50 毫升
 味醂……100 毫升
 浓味酱油……100 毫升

●煮南瓜

南瓜（600 克）……1/4 个
汤汁（见第 135 页“煮南瓜”）

●甜煮芋茎

白芋茎……1 根
汤汁
 高汤……600 毫升
 味醂……45 毫升
 盐……2/3 小勺
 淡味酱油……15 毫升

●菠菜

菠菜……1 束
配料（见第 132 页“拼盆”①裙带菜和荷兰豆的配料）

●生姜丝 山椒芽

土生姜……适量
山椒芽……适量

做法

1. 制作甜煮夏鸭。将鸭胸肉处理过后（见第 128 页“盐蒸鸭”），将带皮侧朝下切成 3 毫米厚。在表面涂上葛粉。在锅中倒入汤汁煮沸，放入鸭肉，注意不要重叠，然后用小火煮。

2. 制作煮南瓜。将南瓜切成 3 厘米的小丁，去皮之后，用水煮（见第 136 页）。

3. 制作甜煮芋茎。将芋茎两端切去，然后切成适当的大小。用竹皮将其束起，在醋水中浸泡 15 分钟以除去涩味。之后用盐水煮，捞起沥干后放入汤汁中一起煮。

4. 将菠菜的配料煮开并冷却。将菠菜用盐水煮过之后，泡在冷水中，然后沥干。将其切成 3 厘米长，之后放在配料中，使其入味。

5. 将土生姜切丝，和山椒芽混合。

6. 将甜煮夏鸭、煮南瓜、甜煮芋茎、菠菜装盘。将生姜丝和山椒芽以天盛式摆放。

➡ P111

【炊饭】

杂鱼米饭 清香腌菜

材 料 四人份

米 ……………………………… 3 杯
小干白鱼 ………………………… 100 克
奈良腌菜 ………………………… 1 个
腌牛蒡 …………………………… 1 根
杂鱼汤汁
　水 ……………………………… 150 毫升
　酒 ……………………………… 100 毫升
　味醂 …………………………… 30 毫升
　砂糖 …………………………… 1/2 大勺
　淡味酱油 ……………………… 15 毫升
　浓味酱油 ……………………… 30 毫升
　山椒粒 ………………………… 适量

做 法

1. 将小干白鱼在热水中焯过，除去多余的盐分，然后放在网筛中冷却。在锅中加入水、酒、小干白鱼、山椒粒、味醂、砂糖，用小火煮。等到汤汁剩一半的量，再加入淡味酱油、浓味酱油。不停地用筷子搅拌，一直煮到汤汁几乎煮干。

2. 将煮好的饭和杂鱼混合，然后调整形状。再添上奈良腌菜、腌牛蒡。

➡ P111

【汤 清汤底】

鳗鱼 生香菇 番杏 柚子

材 料 四人份

鳗鱼(450 克) …………………… 1/3 条
生豆腐皮 ………………………… 1/4 束
毛豆 ……………………………… 50 克
生香菇 …………………………… 4 个
藤菜 ……………………………… 适量
柚子皮 …………………………… 1/2 个
配料
　白身鱼肉末 …………………… 100 克
　鸡蛋原料（见第 130 页“碗装汤菜”①） …………………… 2 大勺
　盐 ……………………………… 少量
　味醂 …………………………… 10 毫升
　水溶葛粉 ……………………… 1 大勺
八方汤底、海带汤、汤底（见第 130 页“碗装汤菜”①）

做 法

1. 制作鳗鱼。将鳗鱼骨头切碎之后再切分开。将生豆腐皮切成 1 厘米大小。将毛豆用盐水煮，然后剥去薄皮。

2. 将生香菇的柄去除，表面划上切痕。将生香菇用盐水煮过之后，泡在冷却的八方汤底中。将藤菜用盐水煮过之后，泡在冷却的八方汤底中。

3. 制作配料。在研钵中放入白身鱼肉末和其他材料，充分混合，调整味道和柔软度。加入鳗鱼、生豆腐皮、毛豆，然后混合。在锅中将海带汤煮沸，之后调整火候。将鳗鱼和配料捏成圆形，用小火煮 5 分钟，然后用网筛捞起。

4. 将汤底煮开，将鳗鱼、生香菇、藤菜盛入碗中，浇上热汤底，并放上柚子皮。

●七月【七夕清凉派对料理】

➡ P112

【玻璃砧板拼盘】

鳗鱼子冻 素什锦 炸毛豆 炸河虾
盐蒸家鸭 莲藕三文鱼蛋黄醋 蜜煮杨梅

材 料 四人份

●鳗鱼子冻

鳗鱼子 …………………………… 100 克
百合根 …………………………… 1/4 个
秋葵 ……………………………… 6 根
明胶 ……………………………… 3 克
甜煮鳗鱼子的汤汁
　高汤 …………………………… 150 毫升
　酒 ……………………………… 25 毫升
　味醂 …………………………… 25 毫升
　盐 ……………………………… 1/4 小勺
　淡味酱油 ……………………… 5 毫升
　土生姜 ………………………… 15 克

●素什锦

木棉豆腐 ………………………… 1 块
山药（泥） ……………………… 3 大勺
鸡蛋 ……………………………… 1/2 个
盐 ………………………………… 少量
砂糖 ……………………………… 1/2 大勺
鲇鱼 ……………………………… 2 条
胡萝卜 …………………………… 30 克
木耳 ……………………………… 1/2 片
豆角 ……………………………… 4 根
八方汤底
　高汤 …………………………… 400 毫升
　味醂 …………………………… 50 毫升
　淡味酱油 ……………………… 50 毫升

●炸毛豆

毛豆 ……………………………… 50 克
面皮、甜盐（见第 133 页“炸物”②）

●炸河虾

河虾 ……………………………… 8 只
小麦粉 …………………………… 适量
蛋清 ……………………………… 适量
年糕（酱油味） ………………… 适量
甜盐（见第 133 页“炸物”②）

●盐蒸家鸭

鸭胸肉 …………………………… 1 片
盐 ………………………………… 适量
黑胡椒 …………………………… 适量
芥末粒 …………………………… 适量

●莲藕三文鱼蛋黄醋

莲藕 ……………………………… 1/2 节
烟熏三文鱼（薄片） …………… 8 片
蛋黄醋
　蛋黄 …………………………… 3 个
　砂糖 …………………………… 1 大勺
　味醂 …………………………… 15 毫升
　盐 ……………………………… 少量
　淡味酱油 ……………………… 5 毫升
　醋 ……………………………… 20 毫升
　高汤 …………………………… 60 毫升
　鲣鱼片 ………………………… 5 克
甜醋（见第 127 页“鲈鱼段烧”）

●蜜煮杨梅

杨梅 ……………………………… 12 个
糖浆
　水 ……………………………… 200 毫升
　砂糖 …………………………… 80 克

做 法

1. 制作鳗鱼子冻。制作甜煮鳗鱼子（见第 128 页）。将百合根一片片分开，切成 5 毫米的小丁。秋葵用盐水煮过之后沥干，切成 2 毫米长。将甜煮鳗鱼子煮开，加入明胶之后冷却。加入百合根和秋葵，倒入食器中凝固。

2. 制作素什锦。将豆腐放置约 30 分钟，沥干水。将鲇鱼片成 3 片，在盐水中浸泡约 30 分钟。将鲇鱼尾部用铁钎串起，晾干 5~6 个小时。之后放在烤网上烤，切成 1 厘米的小丁。将胡萝卜和泡发的木耳各自切成 5 毫米的小丁，用盐水煮过之后，浸在八方汤底中。将豆角用盐水煮过之后，浸在八方汤底中。将豆腐过滤，放在研钵中，加入山药泥，充分搅拌。将搅匀的蛋液和其他的调味料混合在一起。加入鲇鱼、胡萝卜、木耳、豆角，混合搅拌，然后放入蒸笼中，将表面弄平整。将蒸笼放在锅中，加水在 180℃的烤箱中烧制 30~40 分钟。之后从蒸笼中取出素什锦，冷却后切成适当的大小。

3. 制作炸毛豆。将毛豆用盐水煮过之后，剥去表面的薄皮。裹上面衣之后，几颗豆聚集在一起，用 175℃的油炸。然后撒上甜盐。

4. 制作炸河虾。切去河虾的须角，剥壳。裹上小麦粉、蛋清，并撒上年糕片碎，用 160℃的油炸。撒上甜盐。

5. 制作盐蒸家鸭。将鸭胸肉全体撒上盐和黑胡椒，放在真空袋中，在蒸汽对流烤箱（蒸气模式 65℃）中加热 45 分钟。从真空袋中将其取出，用石头压着，然后再冰箱中放置一晚。之后切成 2 毫米厚，撒上芥末粒。

6. 制作莲藕三文鱼蛋黄醋。将莲藕在加醋的热水中煮过，然后泡在冷水中。之后将其竖着切成 7~8 厘米长，浸在甜醋中。制作蛋黄醋。在锅里加入蛋黄、调味料、高汤，用两层锅加水煎，一直煮到变得黏稠为止。

加入鲣鱼片轻微搅拌，然后关火过滤。之后放入冰箱冷却。将莲藕沥干，卷起烟熏三文鱼。最后浇上蛋黄醋。

7. 制作蜜煮杨梅。将杨梅洗净之后，放在糖浆中煮，然后将锅放在水中冷却。

➡ P113

【冰钵酸浆果拼盘】

味噌玉子 鳗鱼八幡卷 豆乳慕斯 毛豆豆腐

材料 四人份

●味噌玉子（见第 139 页“八寸”）

●鳗鱼八幡卷（见第 144 页）

●豆乳慕斯

枸杞子 ……………… 8 粒
酸浆 ……………… 4 粒
配料
 玉米（过滤后） ……………… 250 克
 豆乳 ……………… 250 毫升
 盐 ……………… 1/4 小勺
 淡味酱油 ……………… 5 毫升
 白味噌 ……………… 10 克
 明胶 ……………… 15 克

●毛豆豆腐

毛豆 ……………… 200 克
土生姜 ……………… 适量
芝麻豆腐原料
 白芝麻 ……………… 1/2 杯
 葛粉 ……………… 75 克
 水 ……………… 1000 毫升
 盐 ……………… 1/2 小勺
甜酱
 高汤 ……………… 150 毫升
 浓味酱油 ……………… 90 毫升
 味醂 ……………… 20 毫升
 鲣鱼片 ……………… 适量

做法

1. 制作味噌玉子（见第 139 页）。

2. 制作鳗鱼八幡卷（见第 144 页）。切成 3 厘米大小。

3. 制作豆乳慕斯。将玉米用盐煮过之后，用网筛捞起。冷却之后，用榨汁机搅碎，然后过滤。将豆乳加热，加入白味噌、盐、淡味酱油、明胶。等到冷却后，加入玉米，搅拌之后放入蒸笼中凝固。切成适当的大小，盛在酸浆中，然后放上在糖浆中泡过的枸杞子。

4.. 制作毛豆豆腐。在锅里倒入高汤和调味料，混合煮开之后加入鲣鱼片，然后过滤冷却（甜酱）。将毛豆用盐水煮过之后冷却，然后过滤。制作芝麻豆腐原料。在锅里熬煮原料，直至原料只剩一半的时候，将其和毛豆混合，倒入蒸笼中，盖上用水浸湿的保鲜膜，放在冰箱中冷藏，使其凝固。结合食器进行切块、摆盘。浇上甜酱，放上土生姜泥。

➡ P113

【烧物长盘盛】

鲹鱼卷 鳕鱼竹叶寿司 鳗鱼寿司 对虾蛋黄寿司 无花果芝麻酱

材料 四人份

●鲹鱼卷

鲹鱼 ……………… 1/2 条
淡醋（见第 134 页“鲷鱼菊花寿司”） ……………… 适量
白板海带 ……………… 4 片
甜醋（见第 137 页“鲭棒寿司”白板海带的甜醋）
土生姜 ……………… 20 克
山椒芽 ……………… 4 片

●鳕鱼竹叶寿司

鳕鱼（120 克） ……………… 4 条
淡醋（见第 134 页“鲷鱼菊花寿司”） ……………… 适量
白板海带 ……………… 1 片
寿司饭（见第 137 页“鲭棒寿司”）
有马山椒 ……………… 适量
竹叶 ……………… 4 片
灯芯草 ……………… 4 根

●鳗鱼寿司

鳗鱼（100 克） ……………… 2 条
干香菇 ……………… 4 个
鳗鱼汤汁（见第 128 页“鳗鱼博多真薯”）
甜煮干香菇的汤汁（见第 128 页“混盛”）
寿司饭（见第 137 页“鲭棒寿司”）

●对虾蛋黄寿司

对虾（30 克） ……………… 4 只
蛋黄寿司
 山药 ……………… 100 克
 煮鸡蛋蛋黄 ……………… 2 个
 砂糖 ……………… 1/2 大勺
 盐 ……………… 1/4 小勺
 醋 ……………… 15 毫升

●无花果芝麻酱

无花果 ……………… 2 个
煎白芝麻 ……………… 适量
芝麻酱
 芝麻 ……………… 4 大勺
 蒸馏酒 ……………… 10 毫升
 无酒精味醂 ……………… 5 毫升
 砂糖 ……………… 1/2 小勺
 淡味酱油 ……………… 5 毫升
 高汤 ……………… 45 毫升

做法

1. 制作鲹鱼卷。将鲹鱼片成 3 片，撒上盐之后静置 1 小时。除去腹骨、带血的骨头，用水洗净后沥干，在淡醋中浸泡 20 分钟。用网筛捞起，将鲹鱼自然沥干。在白板海带中包裹鲹鱼 5~6 个小时。除去鲹鱼皮，切成 3 毫米厚的鱼片。将在热甜醋中焯过的白板海带沥干，切成适当的大小。取适量寿司饭，放上鲹鱼海带、土生姜泥，制作成手握寿司，然后放上用甜醋煮过的白板海带和山椒芽。

2. 制作鳕鱼竹叶寿司。将鳕鱼片成三片，在盐水中浸泡 10 分钟。在淡醋中焯过之后，用白板海带将其包裹，放置 3 个小时。除去鳕鱼皮，捏成手握寿司之后放上有马山椒，用竹叶卷起，用灯芯草捆住。

3. 制作鳗鱼寿司。煮鳗鱼（见第 129 页）。将干香菇进行甜煮（见第 128 页）之后，切成 3 毫米的小丁。在押箱中放入一半数量的寿司饭，放入香菇，再放入另一半的寿司饭和鳗鱼，再进行挤压，最后切开。

4. 制作对虾蛋黄寿司。将对虾的头和虾线除去，用竹签串起之后用盐水煮，再从腹部切开。将山药切成 2 厘米大小然后进行蒸煮。煮熟了之后趁热过滤，再放入过滤后的煮鸡蛋蛋黄和调味料，混合搅拌。捏成小指的大小之后，用对虾包裹起来，调整形状，然后切成两等份。

5. 制作无花果芝麻酱。将芝麻酱所需材料混合。将无花果去皮，竖着切成六等份。在无花果上浇上芝麻酱，撒上煎白芝麻。

➡ P113

【笼盛】

鲷鱼煎饼 虾煎饼 鳕鱼骨煎饼

材料 四人份

鲷鱼（上身） ……………… 50 克
对虾 ……………… 4 只
鳕鱼中骨 ……………… 4 条量
葛粉 ……………… 适量
甜盐（见第 133 页“炸物”②） 适量

做法

将鲷鱼片好、对虾处理好之后，分别涂上葛粉，然后包裹在保鲜膜中。将三种食材用 165℃的油炸到酥脆之后，撒上甜盐。

●八月【盛夏宴会料理】

➡ P114

【前菜】

甜煮鲍鱼 芋茎 顶花小黄瓜 海苔

材料 四人份

鲍鱼（500 克）……2 只
猪五花肉……50 克
白芋茎……1/2 根
烤海苔……1 片
花丸黄瓜……2 根
鲍鱼汤汁
　高汤……800 毫升
　酒……100 毫升
　味醂……70 毫升
　淡味酱油……60 毫升
白芋茎的配料（见第 130 页"梅肉醋烤扇贝拌菜"）
共肠醋
　鲍鱼肠……2 只的量
　蛋黄酱……2 大勺
　蒸馏酒……20 毫升
　淡味酱油……少量
　柠檬汁……10 毫升

做法

1. 将鲍鱼煮熟。将鲍鱼处理干净，从壳中取出，除去肠。在锅里放入鲍鱼、汤汁、用热水焯过的五花肉，用中火煮大约 2 小时。

2. 制作共肠醋。将鲍鱼肠用盐水煮过之后过滤。然后加入其他配料，混合搅拌。

3. 将白芋茎处理干净之后用盐水煮，然后泡在冷水中。之后将其在配料中浸泡 30 分钟。切成适当的长度。

4. 将烤海苔包裹在干燥的纱布中揉碎（碎海苔）。

5. 将花丸黄瓜撒上盐揉搓，使其更加显色，然后切成 3 毫米厚的圆片。

6. 将鲍鱼竖着对半切开，将鲍鱼肉切成 5~6 毫米厚，然后装盘。将白芋茎和碎海苔、黄瓜混合在一起，放在鲍鱼上方，然后浇上共肠醋。

➡ P114

【汤 清汤底】

葛叩鳗鱼 茄子 管牛蒡 莼菜 梅肉 柚子

材料 四人份

鳗鱼（500 克）……1/2 条
莼菜……100 克
牛蒡……2 根
茄子……1 根
梅干……适量
柚子……1/2 个
八方汤底、海带汤、汤底（见第 130 页"碗装汤菜"①）

做法

1. 将牛蒡切成 6 厘米大小，用淘米水煮至柔软，然后泡在冷水中。用铁钎去芯，变成管牛蒡。将其对半切开，在八方汤底中焯水。

2. 将茄子去蒂，去皮。用水洗净并擦干，用 165℃的油炸。之后放在网筛中，浇上热水去油，然后切成四等份，在八方汤底中焯水。

3. 将梅干过滤。将柚子切丝。将莼菜在热水中焯过之后泡在冷水中。

4. 将片好的鳗鱼切成约 7 厘米大小。用刷子在鳗鱼上刷上葛粉。等到锅里的海带汤沸腾以后，放入鳗鱼，稍微煮过之后用网筛捞起，然后沥干。

5. 将汤底煮开。在碗里装入鳗鱼、温热的管牛蒡、茄子、莼菜。浇上热汤，放上柚子丝，然后在鳗鱼上方放梅肉。

➡ P115

【刺身 莲叶盛】

赤鱼 对虾 南瓜 顶花黄瓜 黄瓜卷丝 水前寺海带 青芥末 土佐酱油

材料 四人份

赤鱼（1 千克）……1/2 条
对虾（35 克）……4 只
萝卜……适量
小葱……适量
顶花黄瓜……4 根
南瓜……1/6 个
水前寺海苔……3 厘米方形
黄瓜……1 根
青芥末……1/2 根
土佐酱油（见第 126 页"平盛"）……适量

做法

1. 将赤鱼片成 3 片。

2. 将萝卜切成泥之后和小葱混合。将顶花黄瓜的果肉部分用盐揉搓，然后用水洗净。将南瓜用盐水煮过之后泡在冷水中。将水前寺海苔泡发，在热水中焯过之后泡在冷水中，切成适当的大小。将黄瓜切成卷丝（见第 126 页）。将梅肉混合在土佐酱油中（梅酱油）。

3. 将赤鱼去皮，切成约 3 毫米厚的薄片，放入冰水中搅拌过后，再换一次新的冰水。等到赤鱼肉开始缩小变白了，大约 3~4 分钟。然后用网筛捞起，沥干。

4. 除去对虾的头和虾线，用 170℃的油炸。等到表面变红了之后，马上放到冰水中。剥去壳，切成方便食用的大小。

5. 在莲叶上铺上碎冰，放上赤鱼、带有萝卜泥的对虾、顶花黄瓜、南瓜、水前寺海苔、黄瓜卷丝、青芥末泥，再添上土佐酱油。

➡ P115

【饭食】

鲫鱼蒸饭 柚子丝

材料 四人份

鲫鱼……1/2 条
糯米……2 杯
有马山椒……1 大勺
柚子丝……适量
酒盐（见第 157 页"煮蛤蒸饭"）……适量

做法

1. 将糯米洗净，在水中浸泡一晚，蒸好之后和酒盐混合。

2. 将鲫鱼切成薄片，放在烤网上炙烤。将有马山椒用水洗净，切碎。

3. 将糯米和有马山椒混合，捏成圆形后盛盘，用小火蒸 10 分钟。放上炙烤的鲫鱼，撒上柚子丝。

➡ P115

【烧烤物】

鲈鱼红蓼味噌烧 醋渍谷中生姜 纳豆酱油渍

材料 四人份

鲈鱼（1.5 千克）……1/2 条
谷中生姜……4 根
纳豆……20 克
甜醋（见第 129 页"醋渍野姜"）……适量
红蓼味噌
　蓼叶……10 克
　白味噌……200 克
　蛋黄……1 个
　蒸馏酒……30 毫升
　无酒精味醂……25 毫升
　淡味酱油……10 毫升
　高汤……适量
纳豆用酱油
　浓味酱油……50 毫升
　蒸馏酒……25 毫升

做法

1. 制作红蓼味噌。将蓼叶在研钵中捣碎，加入白味噌、蛋黄、剩余的调味料、高汤，充分搅匀。

2. 将鲈鱼片成 3 片，除去腹骨。撒上一层盐之后，静置约 40 分钟。除去带血的骨头，用水洗净然后沥干，切开。

3. 将谷中生姜做成甜醋渍生姜（见第 132 页"烧鲈鱼段"醋渍生姜）。将纳豆用水洗净之后，在纳豆专用酱油中浸泡一晚。

4. 将鲈鱼串成串，用大火烧烤。在鱼身涂上红蓼味噌，用火将味噌烤至变色。

➡ P115

【煮物】

火烤鳗鱼 煮冬瓜 甜煮豆腐皮 生姜丝 青芥末

材料

鳗鱼（100克） ……2条
冬瓜 ……1/6个
豆腐皮 ……1束
土生姜 …… 适量
青芥末 …… 适量
鳗鱼汤汁（见第128页"康吉鳗鱼博多真薯"）
煮冬瓜汤汁
- 高汤 ……400毫升
- 味醂 …… 20毫升
- 盐 ……2/3小勺
- 淡味酱油 …… 15毫升

甜煮豆腐皮的汤汁（见第132页）

做法

1. 煮鳗鱼（见第129页）。
2. 将煮冬瓜入味（见第128页）。
3. 将豆腐皮和加了适量土生姜汁的汤汁一起煮（见第132页）。
4. 将鳗鱼放在烤网上，用大火烤至变色，然后切成四等份。
5. 在食器中摆入重新加热的冬瓜和豆腐皮、鳗鱼，然后放上生姜丝和青芥末泥。

➡ P115

【醋物】

章鱼 秋葵 裙带菜 野姜丝 三杯醋

材料 四人份

章鱼（1.5千克）爪 ……2根
秋葵 ……8根
裙带菜（干燥） ……5克
野姜 ……2个
甜醋（见第129页"醋渍野姜"）
三杯醋（见第133页"八寸"）

做法

1. 制作三杯醋。
2. 除去章鱼的内脏、眼珠、口。用大量的萝卜泥搓洗章鱼表面，除去黏性，然后冲洗掉萝卜泥。
3. 将秋葵用盐水煮过之后泡在冷水中。然后竖着对半切开，除去籽，切碎。
4. 将裙带菜用水泡发，切成适当的大小，在热水中焯过使其更加显色。
5. 将野姜制作醋渍野姜，然后切丝。
6. 将章鱼爪一根一根地切分开。将皮和吸盘剥落，用盐水煮过之后泡在水中，切去吸盘。将章鱼爪切成一口大小，在大约60℃的温水中焯过，表面变白之后，放在冷水中。
7. 在食器中放入裙带菜、章鱼、秋葵，浇上三杯醋，放上生姜丝。

➡ P115

【主食】

白饭 红酱汤 腌菜

材料 四人份

米 ……3杯
绢豆腐 ……1/2块
裙带菜（干燥） ……5克
芹菜 …… 适量
高汤 ……600毫升
红汤用味噌 …… 60克
腌菜 …… 适量

做法

1. 用煮饭用的土锅将白米饭煮熟。
2. 制作红汤。将含有绢豆腐、裙带菜、红汤用味噌和芹菜的高汤煮开。
3. 将饭盛好，配上红汤和腌菜。

●九月【秋日点心】

➡ P116

【点心】

南蛮风渍鳗鱼 鹌鹑山椒烧 甘鲷若狭烧 熏制鸭排 虾菊花寿司 虾芋海胆烧 拌煮带子鲇鱼 猪肉味噌煮 甜煮卷豆皮 银杏蛋卷 松茸饭

材料 四人份

●南蛮风渍鳗鱼

鳗鱼（500克） ……1/4条
小葱 …… 少量
南蛮醋（见第157页"粉鲣鱼南蛮渍"）

●鹌鹑山椒烧

鹌鹑 ……2只
山椒粉 …… 少量
配料
- 酒 …… 50毫升
- 味醂 ……100毫升
- 浓味酱油 …… 50毫升

●甘鲷若狭烧

甘鲷（1.5千克） ……1/3条
若狭酱（见第140页"甘鲷翁烧"）

●熏制鸭排

鸭胸肉 ……1片
熏樱切片 …… 适量
汤汁
- 酒 …… 25毫升
- 味醂 …… 25毫升
- 浓味酱油 …… 25毫升

●虾菊花寿司

虾 …… 60只
熬炼鸡蛋
- 蛋黄 ……5个
- 砂糖 ……1/2大勺
- 盐 …… 少量
- 醋 …… 10毫升

●虾芋海胆烧

虾芋（400克） ……1个
汤汁（见第136页"煮虾芋"）
海胆酱
- 生海胆 …… 30克
- 蛋黄 ……1个
- 味醂 …… 10毫升
- 淡味酱油 …… 10毫升

●拌煮带子鲇鱼

鲇鱼 ……2条
汤汁
- 水 ……400毫升
- 酒 ……400毫升
- 醋 …… 10毫升
- 冰砂糖 …… 50克
- 浓味酱油 …… 60毫升
- 爪海带 ……1片
- 有马山椒 ……2小勺

●猪肉味噌煮

猪五花肉 ……300克
芥子 …… 适量
汤汁
- 高汤 ……400毫升
- 酒 ……100毫升
- 味醂 …… 30毫升
- 砂糖 ……3大勺
- 浓味酱油 …… 30毫升
- 红汤用味噌 …… 80克

●甜煮卷豆皮

豆腐皮 ……1/2束
荷兰豆 …… 50克
豆腐皮汤汁（见第132页"甜煮豆腐皮"）
荷兰豆配料（见第132页裙带菜和荷兰豆的配料）

●银杏蛋卷 银杏

鸡蛋 ……4个
银杏果 …… 12个
味噌底料
- 白味噌 ……300克
- 味醂 …… 50毫升

●松茸饭

松茸 ……2根
米 ……3杯
酒 …… 30毫升
饭汤
- 高汤 ……800毫升
- 味醂 …… 15毫升

| 盐 ……………………… 1/2 小勺
| 淡味酱油 ……………… 40 毫升

做法

1. 制作**南蛮风渍鳗鱼**。制作南蛮醋。将鳗鱼骨切碎并将鱼肉切成1.5厘米的大小，用170℃的油炸。趁热将鳗鱼放入南蛮醋中，放置3个小时。然后盛盘，将切碎的小葱以天盛式摆放。

2. 制作**鹌鹑山椒烧**。将鹌鹑放在混合后的配料中15分钟。用铁钎串起，然后烤制。撒上山椒粉，切成适当的大小。

3. 制作**甘鲷若狭烧**。将若狭酱所需材料放在大碗中，放置1小时。将甘鲷片切成3片。在甘鲷片上撒上一层盐之后，放置40分钟。用水洗净之后沥干，除去带血的骨头，然后切开。将其在若狭酱中浸泡20分钟。用铁钎串起，涂上若狭酱然后进行烤制。

4. 制作**熏制鸭排**。将鸭胸肉在平底锅中煎至变色。浇上热水除去油脂，然后将鸭肉和汤汁一起放在真空袋里，放在68℃的热水中，保持这个温度，加热45分钟。之后将鸭排连袋放在冰水中冷却，静置使其入味。从袋中取出鸭肉，除去表面的汤汁，然后用熏炉熏3分钟。之后切成3毫米的大小。

5. 制作**虾菊花寿司**。制作熬炼鸡蛋（见第134页“唐墨玉子”）。将虾的头和虾线去除，在盐水中煮。之后放在冰水中冷却，剥壳。将熬炼鸡蛋捏成直径1.5厘米的球形。将虾尾向上摆放，形成花的形状，然后中央放上少量熬炼鸡蛋。

6. 制作**虾芋海胆烧**。煮虾芋。制作海胆酱。将生海胆过滤，加入蛋黄、味醂、淡味酱油混合。将虾芋放在烤网上用大火烤。等到表面干燥了之后涂上酱汁继续烤。然后切成适当的大小。

7. 制作**拌煮带子鲇鱼**。将鲇鱼进行清烤，然后放入蒸器中，蒸30分钟。将除了有马山椒的汤汁配料混合，将鲇鱼放入其中煮一会儿，使其入味。放置1天以后，加入有马山椒，用小火煮20分钟。然后静置冷却，冷却之后再次加热，等到汤汁变少了以后关火，静置一日。将鲇鱼切成适当的大小。

8. 制作**猪肉味噌煮**。将猪五花肉块用豆腐渣包裹，用中火蒸2小时。之后用水洗净，切成适当的大小。在锅里加入猪肉，还有除了汤汁中的味噌的配料，混合煮15分钟。加入红汤用味噌，煮5分钟之后关火，静置使其入味。

9. 制作**甜煮卷豆皮**。将荷兰豆用盐水煮过之后切丝，然后放入配料中使其入味。将豆腐皮用热水煮过之后用网筛捞起。将豆腐皮摊开，将沥干的荷兰豆捆起来，然后用豆腐皮将其卷起，用竹皮绑住。将汤汁煮开，放入卷豆皮，用小火煮5分钟，然后关火，静置冷却，使其入味。

10. 制作**银杏蛋卷**，并准备**银杏**。制作味噌鸡蛋。将萝卜切成圆片，塞入味噌鸡蛋中，形成银杏的形状。将银杏去皮，用油炸过之后撒上盐。

11. 制作**松茸饭**。在煮饭锅中加入洗好的米、切片的松茸、饭汤，然后煮饭。煮好之后撒上酒，将全体混合，呈草包形摆放。

➡ P117

【汤 薄葛汤底】

捞豆腐 土当归 豆角 生姜泥

材料 四人份

土当归 …………………… 8厘米
豆角 ……………………… 4根
土生姜 …………………… 20克
水溶葛粉 ………………… 适量
鸡蛋豆腐
| 鸡蛋 ……………………… 3个
| 高汤 ……………………… 300毫升
| 味醂 ……………………… 15毫升
| 盐 ………………………… 少量
| 淡味酱油 ………………… 10毫升
八方汤底、汤底（见第130页“碗装菜”①）

做法

1. 将土当归切丝。将豆角竖着切开，用盐水煮，冷却之后放在八方汤底中。

2. 制作鸡蛋豆腐。将鸡蛋搅匀，和高汤、调味料混合搅拌后过滤。将其放入蒸笼中，用小火蒸15分钟。

3. 将用水溶葛粉增加浓度的汤底煮开。在碗中装入蒸好的鸡蛋豆腐，配上土当归、豆角，浇上汤汁，最后加入生姜泥，以天盛式摆放。

●十月【菊花节料理】

➡ P118

【前菜 菊田盛】

润香鲇鱼 鲑鱼子味噌拌鸡蛋 甜虾亲子拌 蜜煮涩皮栗 蟹小菊卷 盐蒸海胆百合根 鲭鱼菊花

材料 四人份

●润香鲇鱼
鲇鱼 ……………………… 2条
白板海带 ………………… 2片
白香鱼子 ………………… 50克
小香鱼子 ………………… 50克
海带 ……………………… 5厘米方形
芹菜 ……………………… 1/4束

●鲑鱼子味噌拌鸡蛋
鲑鱼子（生） …………… 50克
熟酒糟 …………………… 300克
蒸馏酒 …………………… 适量
鸡蛋 ……………………… 4个
味噌底料
| 白味噌 …………………… 500克
| 蒸馏酒 …………………… 50毫升
| 无酒精味醂 ……………… 30毫升

●甜虾亲子拌
甜虾（带籽） …………… 12只
土生姜 …………………… 20克

●蜜煮涩皮栗
栗子 ……………………… 4个
糖浆
| 水 ………………………… 600毫升
| 砂糖 ……………………… 200克
酒糟 ……………………… 适量

●蟹小菊卷
螃蟹 ……………………… 1只
黄瓜 ……………………… 1根
烟熏三文鱼 ……………… 30克
家山药 …………………… 1/2根
锦纸鸡蛋 ………………… 2片
海苔 ……………………… 2片

●盐蒸海胆百合根
大叶百合根 ……………… 4片
生海胆 …………………… 50克

●鲭鱼菊花
鲭鱼 ……………………… 1/2条
白板海带 ………………… 2片
食用菊（紫） …………… 5个
淡醋（见第134页“鲷鱼菊花寿司”）
甜醋（见第129页“醋拌野姜”）

做法

1. 制作**润香鲇鱼**。将鲇鱼用水洗净，片成3片，除去腹骨，在盐水中浸泡15分钟。用白板海带将鲇鱼包裹，在冰箱中放5~6小时。将白香鱼子和小香鱼子处理过后（见第155页），切成适当的大小。除去鲇鱼皮，切成细片。将鲇鱼、白香鱼子、小香鱼子混合装盘，将煮过的芹菜杆以天盛式摆放。

2. 制作**鲑鱼子味噌拌鸡蛋**。将鲑鱼子处理干净之后用适量的酒冲洗（见第150页）。将鲑鱼子用纱布包裹，浸在蒸馏酒中的酒糟里，在冰箱中放2小时。制作温泉蛋（见第130页“带鱼海带结”），取出蛋黄。用纱布包裹蛋黄，在味噌底料中浸6小时。将鲑鱼子和温泉蛋搅拌之后装盘。

3. 制作**甜虾亲子拌**。去掉甜虾的头部，剥壳。从头部将虾线去除。将虾籽在盐水中浸泡20分钟然后沥干，将虾身和虾线混合，加入少量盐搅拌，然后放置大约5~6小时。将虾身，虾线和虾籽混合盛盘，将生姜泥以天盛式摆放。

4. 制作**蜜煮涩皮栗**。将栗子剥开，注意不要破坏表皮。在锅里加入水、酒糟，煮至柔软之后，除去表皮的筋。在锅里加入栗子和水，煮20分钟之后，泡在冷水中，在别的锅里加入煮糖浆用的600毫升水和150克砂糖，煮开之后放入栗子，用保鲜膜包裹放入蒸笼中，蒸约1小时。然后静置一天。将栗子取出，在糖浆中加入50克砂糖之后煮开，然后将栗子放回糖浆中，盖上保鲜膜在蒸笼中蒸1小时，静置冷却。

5. 制作**蟹小菊卷**。将螃蟹蒸熟之后，把螃蟹切分开。黄瓜竖着切开，除去籽。将烟熏三文鱼和家山药切成同黄瓜一样的大小。在卷帘上铺上锦纸鸡蛋，将蟹肉放在手前中央的位置，以黄瓜、家山药、烟熏三文鱼为中心卷制，卷紧了之后在冰箱中放2小时。再用海苔卷起，末端蘸水使其粘连。在加热的平底锅中煎制海苔，使海苔更有韧性，然后切成适当的大小。

6. 制作**盐蒸海胆百合根**。将百合根一根根地分开，撒上盐之后进行蒸煮。在百合根上面放上海胆，撒上盐之后进行蒸煮。

7. 制作**鲭鱼菊花**。将鲭鱼片成3片，撒上盐之后放置1小时。之后将盐洗净，在淡醋中浸泡约20分钟。用网筛将鲭鱼捞起沥干，包裹在白板海带中放置12小时。将食用菊的花瓣剥开，在醋水中煮过之后，泡在水中。将菊花的水沥干之后，泡在甜醋中。将鲭鱼皮从头部开始剥去，切成适当的大小。

➡P119

【汤 土壶蒸汤】

鳗鱼 松茸 菊菜 银杏 酸橘

材料 四人份

鳗鱼（450克）……1/2条
松茸……4根
银杏果……12个
菊菜……1/2束
酸橘……2个
汤底（见第130页"碗装汤菜"①）

做法

1. 将鳗鱼片好之后切碎骨头，将鱼身切分成2厘米的大小。

2. 将松茸切去坚硬的部分，用湿毛巾轻轻擦洗，之后切成适当的大小。

3. 将银杏去壳，取出果实，用盐水煮过之后，剥去表面的薄皮。将菊菜的叶子切成适当的长度。将酸橘横向对半切开，除去籽。将汤底煮开。

4. 在土壶中放入鳗鱼、松茸、银杏果、菊菜，浇上温热的汤底，再次加热煮沸。最后放上酸橘。

➡P119

【刺身】

甘鲷烧 白萝卜丝 青紫苏 菊花 珊瑚菜 石耳 青芥末 煎米酱油

材料

甘鲷（1.5千克）……1/2条
萝卜……1/4根
青紫苏……4片
食用菊（黄）……5个
石耳……20克
珊瑚菜……4根
青芥末……1/3根
煎米酱油
　土佐酱油（见第126页"平盛"）……适量
　煎米……适量

做法

1. 在土佐酱油中加入适量煎米，放置5~6小时之后过滤（煎米酱油）。

2. 将甘鲷片成3片，将带皮侧在平底锅中煎至变色，然后用冰的毛巾包裹冷却。

3. 将萝卜横切成片。摘下食用菊的花瓣，在醋水中煮过之后，用网筛捞起，用流水冲泡。将石耳泡发，用加入酒糟的热水煮制（见第126页"鳕鱼海带"）。将珊瑚菜切成锚形珊瑚菜（见第126页）。

4. 在食器中摆入萝卜片、青紫苏、甘鲷、食用菊、石耳、锚形珊瑚菜、青芥末泥（见第126页），将煎米酱油倒入猪口杯中，放在一侧。

➡P119

【烧烧物 陶炉】

石烤牛肉 小洋葱 青辣椒 芥末 柚子胡椒

材料 四人份

牛里脊肉……300克
小洋葱……4个
青辣椒……8根
芥末……适量
柚子胡椒……适量
酱汁
　浓味酱油……150毫升
　无酒精味醂……150毫升

做法

1. 将牛肉切成适当的大小，放在酱汁中约5分钟。

2. 将小洋葱切成5毫米厚的圆片。青辣椒去蒂除籽。

3. 将配料装盘，在陶炉中加炭。在另外的盘子中放入芥末和柚子胡椒，放在旁边。

➡P119

【煮物】

虾芋煎汤 炸蟹味菇 银杏 百合根 芹菜 蟹黄 生姜泥

材料 四人份

虾芋……2个
蟹味菇……4根
蛋清……适量
年糕（酱油味）……50克
银杏果……8个
百合根……1/4个
土生姜……30克
小麦粉……适量
虾芋汤汁
　高汤……800毫升
　味醂……50毫升
　砂糖……1大勺
　淡味酱油……40毫升
　干虾……20克
　鲣鱼片……5克
蟹酱
　高汤……400毫升
　味醂……25毫升
　盐……1/2小勺
　淡味酱油……15毫升
　水溶葛粉……2大勺
　蟹肉……50克

做法

1. 煮虾芋（见第137页）。

2. 蟹味菇切除坚硬的部分。涂上蛋清，撒上年糕碎，然后用170℃的油炸。将银杏果去壳，用盐水煮过之后，竖着分成四等份，切成圆片。将百合根切成1厘米的小丁，用盐水煮过之后泡在水中。

3. 将蟹酱的高汤、调味料混合，加入水溶葛粉增加黏稠度，然后加入蟹肉、银杏果、百合根。

4. 将虾芋的汁水沥干，裹上小麦粉之后用170℃的油炸。

5. 将虾芋和蟹味菇盛盘，浇上蟹酱，最后将生姜泥以天盛式摆放。

➡P119

【主食 蒸寿司】

烤鳗鱼 粉鲣鱼西京烧 对虾 乌贼 荷兰豆 鸡蛋丝 柚子丝

材料 四人份

鳗鱼……2条
粉鲣鱼（1.2千克）……1/4条
对虾……12只
乌贼……1/2只
荷兰豆……4片
锦纸鸡蛋……2片
柚子……1个

寿司饭（见第137页“鲭棒寿司”）……适量
鳗鱼酱汁
- 酒 …… 50毫升
- 淡味酱油 …… 25毫升

味噌底料（见第144页“粉鲣鱼西京烧”）

做法

1. 将鳗鱼处理干净后串成串，涂上酱汁进行烧烤。

2. 将粉鲣鱼用西京烧的方法制作（见第144页）。

3. 将虾头和虾线取出，用盐水煮过之后，泡在冷水中，去壳。

4. 将乌贼身体表面划上格纹，切成适当的大小。用加入少量盐的酒进行煎制，然后用网筛捞起冷却。

5. 将荷兰豆用盐水煮过之后放在冷水中冷却。将锦纸鸡蛋切丝（鸡蛋丝）。将柚子切丝（柚子丝）。

6. 将寿司饭盛入食器中，铺上鸡蛋丝，放入鳗鱼、粉鲣鱼、对虾、乌贼，在蒸笼中蒸热，然后放上荷兰豆、柚子丝。

●十一月【赏枫宴席】

➡ P120

【前菜】
蟹蛋黄醋 鮟鱇鱼肝生姜煮 烤扇贝

材料 四人份

●蟹蛋黄醋
- 螃蟹（400克）…… 1只
- 炸生麸 …… 1个
- 花丸黄瓜 …… 1根
- 珊瑚菜 …… 4根
- 紫苏花穗 …… 4根
- 蛋黄醋（见第160页“莲藕三文鱼蛋黄醋”）
- 炸生麸的汤汁
  - 高汤 …… 400毫升
  - 味醂 …… 50毫升
  - 盐 …… 少量
  - 淡味酱油 …… 30毫升
- 甜醋（见第129页“醋渍野姜”）
- 生姜醋（分量、做法均见第139页“生鲅鱼寿司”）

●鮟鱇鱼肝生姜煮（见第146页）

●烤扇贝
- 扇贝贝肉 …… 4个
- 干鱼子 …… 适量
- 白练味噌（见第130页"魁蛤芥子醋味噌拌菜"）

做法

1. 制作蟹蛋黄醋。将蟹钳和蟹壳除去，再除去蟹肺。将蟹放在盘子里，用强火蒸15分钟。之后静置冷却。将蟹肉和蟹腿分离。将炸生麸煮过之后去油，用网筛捞起。切成适当的大小，在沸腾的汤汁中继续煮，之后冷却入味。将花丸黄瓜撒上盐揉搓，使其更加显色，之后切成2毫米厚的圆片，浸泡在盐水中。将珊瑚菜的杆切成1.5厘米长，在热水中焯过之后在甜醋中浸泡10分钟。

2. 制作鮟鱇鱼肝生姜煮。将鮟鱇肝处理干净之后进行蒸煮，降温后切成1.5厘米的小丁。再将汤汁的材料煮开，加入鮟鱇鱼肝、生姜丝，盖上纸盖，用小火煮20分钟。然后静置冷却，使其入味。

3. 制作烤扇贝。将干鱼子去皮，切成5毫米厚。将扇贝贝肉除筋，撒上一层盐。在平底锅中加入少量色拉油并加热，贝肉两面用强火煎制。然后横向对半切开，加入干鱼子。

4. 在食器中摆入蟹肉、炸生麸、黄瓜、珊瑚菜，浇上生姜醋，再浇上少量蛋黄醋，撒上紫苏花穗。将鮟鱇鱼肝生姜煮盛盘。将烤扇贝夹干鱼子盛盘，浇上适量白练味噌。

➡ P120

【汤 甜汤底】
烧痕甘鲷 烤鱼白 轴莲草 柚子丝

材料 四人份
- 芜菁（1千克）…… 1/4个
- 甘鲷（1.2千克）…… 1/2条
- 河豚白子 …… 1/2肚
- 菠菜 …… 1/4束
- 水溶葛粉 …… 适量
- 柚子 …… 1/2个
- 八方汤底、汤底（见第130页“汤菜”①）

做法

1. 将蔓菁削好，适当沥干水。

2. 将甘鲷片成3片，撒上一层盐之后，静置约40分钟。将河豚白子切成3厘米厚。

3. 将菠菜杆切成8厘米长，用盐水煮。之后浸泡在冷水中冷却，然后放入八方汤底中（轴莲草）。将柚子切丝（柚子丝）。

4. 将甘鲷切成适当的大小，用铁钎串起进行烧烤。将河豚白子用大火进行烧烤。

5. 在汤底的高汤中放入芜菁加热，加入盐、淡味酱油进行调味，加入水溶葛粉增加黏稠度。

6. 在碗里放入甘鲷、河豚白子，配上温热的轴莲草。在碗里浇入热汤底。最后放上柚子丝。

➡ P121

【刺身】
鲷鱼薄生鱼片 家山药 香葱 石耳 生姜 淡酱油

材料 四人份
- 鲷鱼（1.5千克）…… 1/4条
- 家山药 …… 40克
- 小葱 …… 40克
- 石耳 …… 适量
- 土生姜 …… 30克
- 石耳配料（见第126页“鳕鱼海带”）
- 淡酱油（见第159页“水无月芝麻豆腐”）

做法

1. 将石耳泡发后用盐水煮，之后放入配料中（见第126页“鳕鱼海带”）。

2. 将家山药切成4厘米长，5毫米宽。将小葱切成3厘米长。将鲷鱼去皮，切成薄片，然后将数片重叠。在食器中摆入鲷鱼、家山药、小葱、石耳、生姜泥，加入淡酱油。

➡ P121

【羹物】
鱼翅二重蒸 生姜

材料 四人份
- 鱼翅（200克）…… 1片
- 土生姜 …… 30克
- 葱白 …… 适量
- 鱼翅蒸汤
  - 右边蒸汤 …… 800毫升
  - 绍兴酒 …… 30毫升
  - 砂糖 …… 1大勺
  - 浓味酱油 …… 30毫升
  - 牡蛎油 …… 2大勺
  - 水溶葛粉 …… 适量
- 鸡蛋液
  - 鸡蛋 …… 2个
  - 高汤 …… 400毫升
  - 味醂 …… 10毫升
  - 盐 …… 少量
  - 淡味酱油 …… 10毫升

做法

1. 将鱼翅进行蒸煮。将葱白放在烤网上烤制，切成3厘米长。将鱼翅、葱白、生姜薄片一起放入鸡汤中，盖上盖子用大火煮20分钟。然后静置冷却，使其入味。在锅里放入蒸汤、绍兴酒、砂糖，煮至沸腾之后加入鱼翅，用小火煮10分钟。加入浓味酱油、牡蛎油，然后煮5分钟。边摇晃锅，边加入少量水溶葛粉，增加黏稠度。

2. 制作鸡蛋液。将高汤和调味料混合，加入搅匀的蛋液，然后过滤。将鸡蛋原料倒入食器中，用小火蒸15分钟。

3. 将鱼翅重新加热，放上蒸好的鸡蛋液，浇上汤汁。然后放入适量的生姜汁。

➡ P121

【烧烤物 杉板烧】

粉鲣丹波烧 松茸 煎银杏

材料 四人份

粉鲣鱼（1.5千克）…………1/2条
松茸………………4根
银杏果………………16个
丹波皮
　栗子………………200克
　蛋清………………1/2个量
　酒………………50毫升
　味醂………………25毫升
　淡味酱油………………25毫升

做法

1. 制作丹波皮。将栗子去皮，泡在水中。之后沥干，用大火进行蒸煮。过滤之后将其和其他材料混合。

2. 将粉鲣鱼片成3片，撒上盐之后，静置约40分钟。

3. 去掉松茸坚硬的部分。轻轻清洗松茸表面，注意不要造成损伤，然后沥干。在银杏果表面划开，在盐水中浸泡2小时。

4. 将粉鲣鱼斜着切成3厘米大小，在带皮侧表面划上3~4毫米深的划痕。之后用铁钎串起进行烧烤。在带皮侧放上丹波皮，将其放在浸过酒的杉板上，用火进行烧烤，烤至变色。

5. 在松茸表面撒上酒和盐，用中火进行烧烤。将银杏果煎至变色。

6. 在焙烙中铺上烤石，盛入粉鲣鱼，配上松茸、银杏果。

➡ P121

【煮物】

涮金枪鱼 葱丝 芝麻橙汁

材料 四人份

金枪鱼（腹部）………………200克
葱白………………1根
芝麻橙汁
　芝麻………………6大勺
　橙汁………………200毫升
海带汤
　水………………1000毫升
　海带………………30克

做法

1. 制作芝麻橙汁。将芝麻和橙汁混合。将金枪鱼切成3毫米厚的薄片。将葱白切成5厘米长的葱丝。

2. 在一人份的小锅里放入海带汤并加热。将金枪鱼、葱白分别装盘。最后浇上芝麻橙汁。

➡ P121

【炸物】

对虾炸海参 炸芋头 卷豆皮

材料 四人份

对虾（35克）………………8只
干海参………………2片
小芋头………………4个
芥末………………适量
豆腐皮………………1/8束
小芋头的汤汁（见第128页“混盛”）
小麦粉………………适量
蛋清………………适量
甜盐（见第133页“炸物”②）

做法

1. 制作煮小芋头（见第128页）。

2. 将对虾的头和虾线除去，只留下尾部，并去壳。在腹部划上4~5道痕。

3. 将干海参切成3毫米的小丁。将豆腐皮切成5厘米长，卷成圆形。

4. 沥干小芋头的汤汁，将小芋头裹上小麦粉，涂上蛋清，撒上芥末。用170℃的油炸，撒上甜盐。将豆腐皮用170℃的油炸，趁热撒上甜盐。

5. 在对虾表面裹上小麦粉、蛋清、干海参。用175℃的油炸，趁热撒上甜盐。

6. 在食器上铺一层和纸，将对虾、小芋头、豆腐皮盛盘。

➡ P121

【主食】

新荞麦面 辣味萝卜 葱白 青芥末 汤汁

材料 四人份

更科荞麦面
荞麦粉（更科粉）……………400克
中筋面粉………………100克
热水………………200毫升
水………………75~100毫升
辣味萝卜（200克）…………1根
葱白………………1根
青芥末………………1/2根
酱汁
　味醂………………270毫升
　砂糖………………100克
　浓味酱油………………900毫升
　大豆酱油………………100毫升
汤汁（比例）
　高汤………………3
　酱汁………………1

做法

1. 制作酱汁，将其与汤汁混合。将酱汁中的味醂煮开，加入砂糖、浓味酱油、大豆酱油，煮开之后关火冷却。将汤汁和酱汁以3 ∶ 1的比例混合。

2. 打荞麦面。

3. 将辣味萝卜表面洗净，然后削碎。将葱白切碎之后用水洗净。

4. 将荞麦面在热水中煮过之后，泡在冷水中，然后沥干盛盘。在荞麦面上面放上辣味萝卜、葱白、青芥末泥。浇上汤汁。

●十二月【腊月的火锅宴席】

➡ P122

【前菜】

煮对虾 烤河豚 炸扇贝 水菜 青芥末酱油

材料 四人份

对虾（35克）………………4只
河豚（上身）………………1/2条
扇贝………………4个
水菜………………1/2束
青芥末酱油
　臭橙汁………………30毫升
　浓味酱油………………30毫升
　辣根………………适量

做法

1. 将臭橙汁和浓味酱油混合，加入削碎的辣根（青芥末酱油）。

2. 将对虾的头和虾线去除，放入热水中，等到壳变红了以后马上捞起，放入冰水中。然后剥壳，切成方便食用的大小。

3. 将河豚去皮，串成串之后撒上盐。用大火烧烤，然后放在冰水中。之后切片。

4. 将扇贝贝肉取出，用170℃的油炸。然后泡在水中，对半切开。

5. 将水菜切成3厘米长。

6. 在食器中装入水菜，将对虾、河豚、扇贝肉搅拌后装盘，浇上青芥末酱油。

➡ P122

【刺身替代品】

丝背细鳞鲀拌鱼肝 小葱 橙汁

材料 四人份

丝背细鳞鲀（400克）…………2条
小葱………………1/2束
橙汁（见第126页“平盛”）

做法

1. 将丝背细鳞鲀片成3片，然后去皮。将皮在热水中焯过之后，泡在冷水中，切成适当的大小。将鱼肝用水洗净，撒上一层盐之后，静置30分钟。将表面的盐洗去，在热水中焯过之后放在冷水中。

2. 将小葱切碎，将丝背细鳞鲀的肉片成薄片。

3. 制作肝橙汁。将鱼肝过滤，然后

加入橙汁调味。

4. 将鱼身、鱼皮和肝橙汁混合之后盛盘，撒上小葱。

➡ P123

【关东煮】

萝卜 芋头 蒟蒻 炸豆腐 油炸鱼丸 炸豆腐丸 海带结 白菜 牡蛎 虾芋 半熟鸡蛋 豆腐皮 煮面 柚子胡椒 熬制芥末 生姜味噌 发酵辣椒

材　料　四人份

萝卜的汤汁
- 高汤 …… 1000毫升
- 味醂 …… 70毫升
- 砂糖 …… 1大勺
- 盐 …… 1/2小勺
- 淡味酱油 …… 60毫升

虾芋 …… 8个
- 对虾肉末 …… 250克
- 白身鱼末 …… 50克
- 蛋清 …… 1/2个量
- 山药（泥） …… 2大勺
- 水溶葛粉 …… 1大勺
- 味醂 …… 15毫升
- 盐 …… 1/3小勺
- 海带汤 …… 适量

油炸鱼丸 …… 8个
- 牛蒡 …… 1根
- 白身鱼末 …… 300克
- 鸡蛋液（见第130页“碗装汤菜”①） …… 3大勺
- 味醂 …… 30毫升
- 淡味酱油 …… 10毫升
- 海带汤 …… 适量

芋头 …… 8个
蒟蒻 …… 1块
烤豆腐 …… 1块
炸豆腐丸 …… 4个
日高海带 …… 1片
白菜 …… 5片
葫芦干 …… 适量
牡蛎 …… 12个
牡蛎汤汁
- 高汤 …… 500毫升
- 酒 …… 100毫升
- 味醂 …… 60毫升
- 淡味酱油 …… 60毫升

鸡蛋 …… 4个
豆腐皮 …… 1束
素面 …… 2束
芹菜 …… 适量
生姜味噌
- 白练味噌（见第130页“魁蛤芥子醋味噌拌菜”） …… 适量
- 土生姜、蒸馏酒 …… 各适量

关东煮高汤
- 鸡肉 …… 5只量
- 水 …… 1600毫升
- 卷心菜 …… 1/2个
- 洋葱 …… 2个
- 胡萝卜 …… 1根
- 长葱、生姜 …… 各适量
- 小杂鱼干 …… 60克
- 爪海带 …… 1片

关东煮煮汤
- 关东煮高汤 …… 2500毫升
- 酒 …… 200毫升
- 味醂 …… 200毫升
- 淡味酱油 …… 200毫升
- 盐 …… 1/2小勺

佐料（柚子胡椒、芥子、发酵辣椒） …… 适量

做　法

1. 制作关东煮高汤。在锅里加入用热水焯过的鸡肉、适量的水以及其他材料，用小火煮至只剩1/3量的液体，然后过滤。

2. 将萝卜入味。将萝卜切成3厘米厚的圆片。用淘米水煮过之后，浸泡在水中。在锅里放入高汤、萝卜、味醂、砂糖，用小火煮10分钟。之后加入盐、淡味酱油，再煮10分钟，然后静置冷却，使其入味。

3. 制作虾芋。将对虾肉末放在食品处理器中，再放入白身鱼肉末混合。之后将其放入研钵中，加入其他材料。将虾芋弄成球形，放入加盐的海带汤中煮。

4. 制作油炸鱼丸。把牛蒡削成薄片之后泡在水中。在研钵中放入白身鱼肉末、鸡蛋液、调味料，充分混合。加入少量海带汤调整硬度，然后加入牛蒡，做成球形，用170℃的油炸。之后浇上热水以除去油分。

5. 准备剩余材料。将芋头切好用淘米水煮。将蒟蒻切成适当的大小，用盐揉搓之后放置5分钟。用热水煮过之后捞起冷却。将烤豆腐切成适当的大小。

将炸豆腐丸去油。将用水泡发的日高海带切成2厘米宽、10厘米长，然后打结。将白菜心的部分沿着纤维切成6厘米长、2厘米宽，以4~5根为一束，用泡发的葫芦干（见第146页“鳗鱼葫芦干卷”）将其捆起。将牡蛎用盐水洗净，在热水中焯过之后，泡在水中，然后放在煮沸的汤汁中煮。将鸡蛋煮至半熟。将豆腐皮横向切成四等份卷起，用煮过的芹菜绑住。取适量素面，两端用线束起，然后用160℃的油炸。之后去油，用煮过的芹菜绑住。将用线绑住的两端切去。将白练味噌和生姜丝混合，加入蒸馏酒（生姜味噌）。

6. 在锅里制作关东煮的煮汤。摆列放好各种材料，浇上混合后的关东煮高汤，然后调整火候。最后添上佐料。

➡ P123

【烧烤物】

干喉腐鱼 烤红薯 酸橘

材　料　四人份

喉腐鱼 …… 2条
红薯 …… 2个
酸橘 …… 2个
配料
- 酒 …… 200毫升
- 盐 …… 1/2大勺
- 味醂 …… 200毫升
- 淡味酱油 …… 100毫升

做　法

1. 将喉腐鱼片成3片，在配料中浸泡约30分钟。将鱼串起，挂在通风的地方，一直挂到表面干燥，手指触碰时没有黏腻感为止。

2. 将红薯切成适当的大小，撒上盐之后蒸制。

3. 在干喉腐鱼表面划上几道痕，串起后进行烧烤。烤完之后涂上配料。

4. 将干喉腐鱼和红薯装盘，点缀上酸橘。

➡ P123

【主食】

饭团

材　料　四人份

盐鲑（甜盐） …… 100克
野泽菜 …… 50克
小干白鱼 …… 100克
杂鱼汤汁（见第159页“杂鱼米饭”）
鳕鱼子 …… 2条鱼量黑芝麻 …… 适量
米 …… 5杯
红豆饭（材料、做法均见第140页“盐烤筏状鲷鱼”）
奈良腌菜 …… 1个
腌萝卜 …… 1/3根

做　法

1. 将盐鲑烤制之后切分开。将野泽菜切碎。将小干白鱼用热水焯过之后再用杂鱼汤汁煮（见第159页“杂鱼米饭”）。将鳕鱼子烤过之后粗粗切碎。制作红豆饭。

2. 制作饭团。在白米饭中混入鲑鱼、野泽菜、杂鱼、鳕鱼子，然后捏成饭团。将白米饭捏成三角形，撒上黑芝麻。将红豆饭捏成三角形。

3. 最后装盘，配上奈良腌菜、腌萝卜食用。

主要参考文献

- ●《摆盘秘传》 辻嘉一 著 柴田书店
- ●《图说 日本的食器——探索饮食文化》神崎宣武 河出书房新社（口袋本）
- ●《原色陶器大辞典》加藤唐九郎著 淡交社
- ●《陶瓷器辞典》光芸出版社编辑部 光芸出版
- ●《漆工艺辞典》光芸出版社编辑部 光芸出版
- ●《平凡社百科事典》平凡社

◎作者简介

畑耕一郎

辻厨师专门学校的技术顾问。1947 年出生于大阪府。作者从辻厨师专门学校（当时）毕业后，留校任职。他不仅在教育界，在电视、广播、出版方面也都十分活跃，著书有《专业人士的易懂日本料理》(柴田书店)、《日本料理专业的隐藏技巧》(光文社)、《“辻调”直传 家庭的和食》《“辻调”直传 味饭和一汤一菜》（讲谈社）、《和风小菜 美味基本》（学研）等，合著书有《用英语学习日本料理》（讲谈社国际）等。他获得平成 13 年社团法人日本厨师会功劳奖，大阪功劳奖，平成 17 年度厚生劳动大臣奖。

◎料理制作主负责人

滨本良司

辻厨师专门学校日本料理教授。他于 1966 年出生于大阪，从辻十字厨师专门学校毕业后，留校任职，出演《上沼惠美子的聊天厨房》（朝日放送、朝日电视台）。

◎校对

重松麻希

辻静雄料理教育研究所研究员。她在甲南女子大学大学院研究科国文学专攻博士前期，负责全书的校对工作。

◎器械赞助店“林漆器店”

大阪市中心区心斋桥筋 2 丁目 2-32

电话（06）6211-3524（代）

图书在版编目(CIP)数据

和食之美：器物与摆盘的艺术 / (日) 畑耕一郎著；日本辻调理师专门学校主编；陆晨悦译.
—武汉：华中科技大学出版社, 2019.8

ISBN 978-7-5680-5311-2

Ⅰ.①和 … Ⅱ.①畑… ②日… ③陆… Ⅲ.①饮食－文化－日本 Ⅳ.①TS971.203.13

中国版本图书馆CIP数据核字(2019)第114911号

NIHONRYORI KISOKARAMANABU UTSUWA TO MORITSUKE
by Koichiro Hata

和食之美 器物与摆盘的艺术
Heshi zhi Mei Qiwu yu Baipan de Yishu

日本辻调理师专门学校 主编
[日]畑耕一郎 著 陆晨悦 译

出版发行：华中科技大学出版社（中国·武汉）　电话：(027) 81321913
北京有书至美文化传媒有限公司　(010) 67326910-6023
出 版 人：阮海洪

责任编辑：莽 昱 谭晰月
责任监印：徐 露 郑红红　封面设计：赵丹丹

制　作：北京金彩恒通数码图文设计有限公司
印　刷：北京金彩印刷有限公司
开　本：787mm×1092mm 1/16
印　张：10.75
字　数：148千字
版　次：2019年8月第1版第1次印刷
定　价：98.00元